Barbara Liebermeister

Effizientes Networking

Barbara Liebermeister

Effizientes Networking

Wie Sie aus einem Kontakt eine
werthaltige Geschäftsbeziehung entwickeln

Frankfurter Allgemeine Buch

Bibliografische Information der Deutschen Nationalbibliothek
Die Deutsche Nationalbibliothek verzeichnet diese Publikation
in der Deutschen Nationalbibliografie; detaillierte bibliografische
Daten sind im Internet über http://dnb.d-nb.de abrufbar.

Barbara Liebermeister

Effizientes Networking

Wie Sie aus einem Kontakt eine
werthaltige Geschäftsbeziehung entwickeln

F.A.Z.-Institut für Management-,
Markt- und Medieninformationen GmbH
Mainzer Landstraße 199
60326 Frankfurt am Main
Geschäftsführung: Volker Sach und Dr. André Hülsbömer

Frankfurt am Main 2012

ISBN 978-3-89981-278-7

𝔉rankfurter Allgemeine Buch

Copyright   F.A.Z.-Institut für Management-,
             Markt- und Medieninformationen GmbH
             60326 Frankfurt am Main

Umschlag/Satz   Anja Desch
Titelbild   ©Robert Churchill/gettyimages
Druck   Messedruck Leipzig GmbH, An der Hebemärchte 6, 04316 Leipzig

Printed in Germany

Dieses Buch widme ich meinen Eltern.
Sie waren es, die mir die grundlegenden Werte im Umgang mit
anderen Menschen vermittelt haben, Grundwerte, die mir die
Stärke und das Selbstvertrauen geben, offen auf andere Menschen
zugehen zu können und mit ihnen in Kontakt zu kommen.

Inhalt

Vorwort

Liebe Leserinnen und Leser,

wodurch zeichnet sich ein guter „Netzwerker" aus? Welche Eigenschaften befähigen Menschen, wie von selbst mit anderen ins Gespräch zu kommen?

Sicher haben Sie sich diese Fragen schon öfter selbst gestellt, vielleicht im Anschluss an eine Veranstaltung oder mit Blick auf ein besonderes Kontakttalent in Ihrem Bekanntenkreis.

Meine pragmatische Antwort: Es sind ganz selbstverständliche und naheliegende Verhaltensweisen, die uns für einen anderen und andere für uns einnehmen. Ehrliches Interesse, Wertschätzung und Respekt sind die unverzichtbare Basis erfolgreichen und professionellen Networkings.

Umso erstaunlicher ist, dass die reichlich vorhandene Ratgeberliteratur zum Thema Kontaktpflege sich eher mit theoretischen Fragen beschäftigt. Dabei sind es gerade die zwischenmenschlichen Faktoren des Kontaktmanagements, die sich in der Praxis als zielführend erweisen.

Mit einer von Wertschätzung geprägten Kommunikation können Sie eine Brücke zu den meisten Menschen schlagen. Dazu gehört auch, dass Sie sich selbst zwar interessant präsentieren, aber nicht in den Vordergrund stellen. Hier die richtige Balance zu finden, erfordert Übung und Fingerspitzengefühl. Nehmen Sie sich die Zeit für die Entwicklung dieser Fähigkeit, denn sie ist entscheidend für Ihren beruflichen und privaten Erfolg.

Mit diesem Buch möchte ich Sie mit strategischen Tipps und zahlreichen eigenen Erfahrungen auf dem Weg zum professionellen Networking begleiten. Und noch etwas: Haben Sie Spaß beim Kontakten! Denn nur so können Sie unverkrampft auf andere zugehen und in Zukunft auf jeder Veranstaltung Ihr Netzwerk und Ihr Leben nachhaltig bereichern.

Denn wie heißt es bei Wilhelm von Humboldt so treffend: „Im Grunde sind es doch die Verbindungen zu Menschen, welche dem Leben seinen Wert geben."

Barbara Liebermeister   Friedrichsdorf, im Januar 2012

Geleitwort

Wer spürt sie nicht, die zunehmende Beschleunigung in unserer Gesellschaft. Fast täglich lesen wir von Innovationen, und Wissenschaftler sagen voraus, dass die Innovationsgeschwindigkeit noch weiter zunehmen wird. Die Digitalisierung der Kommunikation und Wirtschaft verändert traditionelle, klassische Strukturen und unsere Verhaltensmuster. Google, Facebook, Amazon, Ebay und andere Internetunternehmen bestimmen unseren Alltag und unser Miteinander. Freundschaften pflegen wir über Social Communities, Geschäftskontakte über E-Mail und Business-Netzwerke wie LinkedIn oder Xing.

Je mehr ich diese schönen neuen Möglichkeiten unserer digitalisierten Welt nutze, desto öfter frage ich mich, wie sie unsere Gesellschaft und das soziale Miteinander beeinflussen. Hat sich die Qualität meiner persönlichen Kontakte oder meiner Geschäftskontakte verbessert? Immer wenn ich mit Freunden und Kollegen darüber spreche, wird deutlich, dass die Quantität der Kommunikation extrem zugenommen hat. Die Masse an E-Mails, SMS, Messages, Tweets oder Posts, die wir täglich versenden und empfangen, und die Fülle an Informationen lässt sich kaum mehr verarbeiten. Und es ergibt sich für mich der Eindruck, dass die Qualität der Kommunikation mit zunehmender Quantität abnimmt.

Unsere zwischenmenschlichen Beziehungen werden immer oberflächlicher und unverbindlicher. Der gute alte Geschäftsabschluss per kaufmännischen Handschlag ist Geschichte, Verträge werden oftmals nicht eingehalten. Trotz guter Stimmung nach einem intensiven Meeting hört man nie wieder etwas voneinander, selbst auf E-Mail-Nachfragen kommt häufig keine Antwort. Mein Fazit: Die digitalen Kommunikationskanäle helfen nur bei gefestigten, gewachsenen Geschäftsbeziehungen.

Wie entwickelt man gefestigte Geschäftsbeziehungen, wie schafft man mehr Verbindlichkeit in einer Zeit virtueller Unverbindlichkeit? Barbara Liebermeister gibt eine einfache Antwort auf diese immer drängendere Frage: „Fange bei Dir selbst an." Das Buch hat mir eine neue Perspektive vermittelt. Es geht mir nicht mehr darum, bei dem Wettbewerb um möglichst viele Geschäftskontakte mitzumachen, sondern darum, nach den wahren, den echten Kontakten zu suchen und diese aufzubauen und zu pflegen. Barbara Liebermeisters Konzept kostet Energie und Vorleistung, aber wer es ernsthaft praktiziert, für den zahlt es sich aus, denn so wie man in den Wald hineinruft, so schallt es heraus.

Burkhard Köpper

COO, United Digital Group

1 Erfolgreiches Kontaktmanagement: Das Rüstzeug

Kontakten erfolgt meist unstrategisch

Netzwerken – ein Trend, der die klassische Beziehungspflege auf einmal ganz einfach macht? In der Tat haben sich die Möglichkeiten durch die expandierenden digitalen Plattformen deutlich erweitert und auf den ersten Blick scheinbar manches erleichtert: Moderne Kontaktpflege lässt sich über Xing, Facebook und Co. nebenbei vom Schreibtisch aus erledigen. Dazu kommt noch hier eine Veranstaltung, etwas Smalltalk auf einer Party und dort die Einladung zu einem organisierten Afterwork-Treffen … und schon hat man die richtigen Beziehungen, die einen auf der Karriereleiter hinauf katapultieren, oder Aufträge, die das Team für den Rest des Jahres auslasten.

Kann diese digitalisierte und automatisierte Form des Netzwerkens wirklich belastbare Netze knüpfen? Die Antwort könnte von Radio Eriwan kommen: Im Prinzip ja, aber nur als ein Baustein im Gesamtpaket. Was vor allem zählt, sind der menschliche Faktor, die richtige Chemie, die persönliche Begegnung und ein bewusstes, strategisches Kontaktmanagement.

Dabei geht ein funktionierendes Netzwerk weit über das berühmte „Vitamin B" hinaus, das helfen soll, wirklich nach vorne oder möglichst weit nach oben zu kommen. Wir sprechen hier auch nicht von Klüngelei, die manchen Branchen oder Regionen nachgesagt wird. Ein hochwertiges, effizientes Netz von Kontakten ist branchenübergreifend aufgebaut, kann Privates und Geschäftliches verbinden und ergänzt sich optimal über alle Ebenen.

Es geht um das große Potential des Kontaktmanagements, das von vielen noch gar nicht wahrgenommen wird. Unabhängig von der jeweiligen Lebenssituation – ob Existenzgründung, Familienphase, Angestellter oder Unternehmer –, es gilt: Ein funktionierendes Netzwerk ist ein unschätzbarer Wert. Und oftmals die einzige Absicherung gegen Unwägbarkeiten, die in der Zukunft auf jeden zukommen können.

Wie Kontaktmanagement funktioniert? Indem Sie sich zunächst einmal bewusst machen, warum es manchmal nicht funktioniert!

Die 4 Todsünden des Kontaktmanagements

1. Mangelnde strategische Vorbereitung

Seien Sie ehrlich und sehen Sie sich Ihr Verhalten und das Ihrer „vernetzten" Umgebung einmal genau an: Für die meisten hört digitales Kontaktmanagement mit dem Eintrag ihres Profils in Xing oder Facebook und unregelmäßigen Netzwerktreffen auf. Sie setzen eher auf den Zufall als auf eine nachhaltige Strategie – und das nicht nur in der digitalen Welt. Vielleicht hat man Glück und steht neben dem karriereentscheidenden Kontakt? Oder man wird einem interessanten Multiplikator aus der Branche vorgestellt, der einen freundlicherweise auch noch zu kennen glaubt? Allein die kontinuierliche Präsenz im Netz und die Anwesenheit auf Veranstaltungen reichen nicht aus, um nachhaltiges Kontaktmanagement zu betreiben. Das Ergebnis bleibt meist überschaubar: sieben neue Visitenkarten für den ungeordneten Karteikasten und noch ein paar neue Xing-Kontakte, an die man sich bald ohnehin nicht mehr erinnert.

2. Falsche Zielsetzung: Nur den Auftrag im Kopf

Neben der fehlenden Vorbereitung stürzen sich die meisten Menschen mit einer falschen Zielsetzung ins Networking. Sie sind nicht daran interessiert, spannende Persönlichkeiten kennenzulernen und mit ihnen wichtige Informationen auszutauschen, sondern denken nur an den nächsten Auftrag. Sie sehen den Auf- und Ausbau von Kontakten als reine Akquisetätigkeit. In dieser einseitigen Nehmerrolle hat man langfristig wenig Erfolg.

3. Kontaktscheu

Kennen Sie dieses Szenario? Herr NoName hat von einer Afterwork-Party in einer renommierten Lokalität im Frankfurter Bankenviertel gehört.

14

Da er selbst im Bankgeschäft tätig ist und sich mittelfristig verändern möchte, nimmt er – ohne große Vorbereitung – daran teil und hofft, dass er per Zufall eine interessante Führungskraft trifft, die ihm weiterhelfen kann. Obwohl schon einige Jahre in der Branche tätig, ist Herr No-Name noch nicht besonders gut vernetzt. Kontaktmanagement gehört nicht zu seinen Steckenpferden. Er findet es im Prinzip verschwendete Zeit und hatte es bisher auch noch nie nötig. Bewaffnet mit ausreichend Visitenkarten betritt er die Veranstaltung, bestellt sich einen Drink, schaut sich fragend um ... vielleicht kommt jemand und spricht ihn an. Er sieht viele kleine Gruppen, die sich anscheinend kennen und sich interessiert unterhalten, aber auch einige, die so wie er eher zurückhaltend warten, bis jemand auf sie zukommt. Leider ist sein Nachbar an der Theke ähnlich gestrickt. Im besten Fall kommen die beiden heute noch ins Gespräch, man trifft einen Bekannten aus der Branche und geht mit dem guten Gefühl nach Hause: Ich habe heute Networking betrieben!

Dabei wäre es so einfach, auf andere zuzugehen und unvoreingenommen ein Gespräch zu beginnen. Ihr Gegenüber wartet genauso darauf wie Sie.

4. Chronische Selbstdarstellung

Dann gibt es noch die andere Fraktion: Ihre Vertreter bewegen sich wie der Hecht im Karpfenteich und sind vollkommen damit beschäftigt, sich schillernd darzustellen und alle Kontaktchancen zu nutzen, die sich bieten. Ihr jeweiliges Gegenüber nehmen sie gar nicht wahr, geschweige denn, dass sie aktiv zuhören oder sich ehrlich dafür interessieren, was der andere denkt und wo mögliche Synergien liegen. Von Gedankenaustausch kann keine Rede sein.

> **Was hochwertiges Kontaktmanagement NICHT ist**
>
> • Eine Taktik, um andere für eigene Interessen einzuspannen
>
> • Das pure Abgrasen von Kontakten für den persönlichen Vorteil
>
> • Viele oberflächliche Bekanntschaften, das willkürliche Sammeln von Kontakten
>
> • Eigennützige Auftragshascherei

Erfolgreicher Netzaufbau beginnt im Kopf

Um ein strategisch wertvolles Netzwerk, ein tragfähiges „Spinnennetz" von guten und belastbaren Beziehungen aufzubauen, ist es unabdingbar, Ihre Verhaltensmuster unter die Lupe zu nehmen. Erfolgreicher Netzaufbau beginnt im Kopf – und zwar im eigenen.

Die 10 Gebote für nachhaltiges Kontaktmanagement

1. Zuerst geben, dann nehmen

Der erste entscheidende Schritt ist die persönliche Einstellung: Nicht ich bin derjenige, der von dem neuen Kontakt profitieren will. Ich biete meine Unterstützung an. Das verleiht Souveränität. Und noch mehr: Durch meine Bereitschaft zur Vorleistung überrasche ich den anderen, denn die meisten Menschen zeigen vorrangig „Nehmermentalität". Darüber hinaus wird mein Gegenüber erfreut sein, ausnahmsweise jemandem zu begegnen, der ehrliches Interesse an ihm zeigt und ein offenes Ohr hat für aktuelle Problemstellungen, ja vielleicht sogar helfen kann – mit Informationen, Kontakten, Tipps, Hinweisen oder anderen Dienstleistungen. Kein Thema fesselt andere Menschen mehr, als Lösungsansätze für ihre Probleme. Oder wenn Sie jemanden kennen, der bereits ähnliche Probleme gelöst hat.

Praxisbeispiel

Erst kürzlich habe ich bei einer hochkarätigen Veranstaltung eine Dame aus dem Management eines der weltweit größten Möbelhandelsunternehmen kennengelernt. Wir waren uns auf den ersten Blick sympathisch, und die lebendige Unterhaltung versprach einige Synergien. In einem ersten Nachfolgegespräch konnte ich ihr viele wertvolle Tipps geben. Als sie mich anschließend fragte, was sie für mich tun könne, sagte ich schlichtweg: „Sie wissen, für was ich stehe und wo ich Ihnen weiterhelfen kann. Ich freue mich auch darüber, wenn Sie mich, dann, wenn es passt, weiterempfehlen." Sie war sehr erstaunt, da sie sich nicht vorstellen konnte, dass jemand sie besuchte, ohne ein direktes Gegengeschäft zu erwarten. Dass sie mich und meine Leistungen zukünftig in ihrem Netzwerk weiterempfehlen und sich für mich verwenden wird, hat sich in der Folge bereits mehrfach gezeigt.

2. Schaffen Sie Kontakte für Ihre Kontakte

Der einfachste Weg, um in Vorleistung zu gehen, wenn Sie selbst nicht direkt weiterhelfen können: Vernetzen Sie Personen aus Ihrem Netzwerk, die sich gegenseitig Lösungen bieten können. Dies ist ein wichtiger Schritt zu einem erfolgreichen Netzwerk. Es verhält sich dabei wie mit dem Geld. Ihr Geld horten Sie auch nicht zu Hause, sondern legen es auf der Bank an, um irgendwann davon zu profitieren.

3. Vorbereitung ist die halbe Miete

Gute Kontakter zeichnen sich aus durch Neugier und Begeisterungsfähigkeit. Sie interessieren sich aufrichtig für Menschen, sie studieren alle möglichen Informationsquellen bereits im Vorfeld der Begegnung: Broschüren, Internetseiten, Zeitungsartikel. So kennen sie schon Fakten zur jeweiligen Person, bevor sie sie kennenlernen, zum Beispiel auf einer branchenrelevanten Veranstaltung. Vor Ort sind dann Kreativität, Eigeninitiative und Fingerspitzengefühl erforderlich, um die Zielperson zum richtigen Zeitpunkt und mit den richtigen Worten zu begeistern. Oder sind Sie etwa nicht angenehm überrascht, wenn sich jemand im Vorfeld über Sie schlau gemacht hat und dies als Aufhänger für ein Gespräch nutzt?

Schaffen Sie sich einen Fundus an Informationen rund um die Personen innerhalb Ihrer persönlichen Community. Es obliegt Ihrem Gesamtverständnis für Zusammenhänge und Multiplikatoren, was Sie daraus machen.

4. Stellen Sie Fragen

Mit Offenheit und Interesse erfahren Sie, wie viel in den Menschen steckt, oft viel mehr, als Sie ihnen auf den ersten Blick zugetraut hätten. Und was Ihnen – manchmal nicht sofort, aber irgendwann – weiterhelfen kann.

5. Starten Sie Ihr Kontaktmanagement sofort

Wir Menschen haben als soziale Wesen das Grundbedürfnis nach Sicherheit und Rückhalt und organisierten uns schon immer in Gruppen. Leider manchmal zu spät – nämlich erst dann, wenn wir andere brauchen. Langfristig gewinnen diejenigen, die nicht erst in Notzeiten kooperieren. Ein strategisch fundierter Netzwerkaufbau ist zeitaufwendig. Deshalb beginnen Sie jetzt damit!

6. Entdecken Sie Synergien

Synergie oder Synergismus ist aus den griechischen Wörtern „syn" (zusammen) und „ergon" (das Werk) zusammengesetzt und bedeutet: die Zusammenarbeit oder das Zusammenwirken. Es geht also bei Ihrem Beziehungsaufbau um das Zusammenwirken im aristotelischen Sinne: „Das Ganze ist mehr als die Summe seiner Teile."

Ein Beziehungsnetz ist stets ein lebendiger Mechanismus und lebt vom gegenseitigen Geben und Nehmen in einer gesunden Balance. Gute Kontakter verwenden viel Zeit und Kreativität für den Austausch von Erfahrungen, Informationen, Rat und Unterstützung. Sie pflegen ihre Kontakte ganz bewusst, auch wenn ihr Verhalten absichtsgeleitet ist. Natürlich wollen wir alle beruflich erfolgreich sein. Niemand verlangt von Ihnen, dass Sie als Mutter Teresa durch die Geschäftswelt reisen. Ich warne nur vor kurzfristiger Gier nach Aufträgen, ohne auf die Belange oder Interessen des anderen einzugehen. Nur Nachhaltigkeit bringt Erfolge – im persönlichen wie auch im geschäftlichen Kontaktnetzwerk.

7. Kommunizieren Sie wertschätzend

Beobachten Sie einmal Menschen, die sich auf Veranstaltungen unterhalten. Sie werden meist schnell erkennen, wer „die Hosen anhat" oder die Gesprächsrunde zu dominieren versucht. Aufgrund fehlender Selbstsicherheit versuchen diese Charaktere oft, ihr Gegenüber von der eigenen Wichtigkeit zu überzeugen, indem sie „mein Haus, mein Auto, meine Frau, mein Pferd, meine Yacht" anpreisen. Das wirkt weder sympathisch noch drückt es Interesse am Gegenüber aus – und es ist das krasse Gegenteil von wertschätzender Kommunikation. Aber nur mit Wertschätzung werden Sie die wirklich interessanten Menschen kennenlernen, die eine Bereicherung Ihres Netzwerkes darstellen und Ihnen zu bemerkenswerten Verbindungen verhelfen.

8. Bauen Sie Vertrauen auf

Wussten Sie, dass das in Japan verwendete Schriftzeichen für Kommunikation auch das Symbol für „Vertrauen vermitteln" ist?

Und Vertrauen ist die Basis jedes sozialen Gefüges. Es entwickelt sich langsam, gefördert durch gegenseitiges Zuhören, ehrliches Interesse oder das Entdecken von Gemeinsamkeiten, und es ist ein Geschenk an den anderen.

9. Pflegen Sie Ihre Kontakte bewusst

Kontaktmanagement bedeutet Aufwand – zeitlich und menschlich. Nur mit Geduld, einem langen Atem und Engagement kommen wir zum Ziel. Kontaktpflege ist eben nicht schnell nebenbei zu erledigen.

Je bewusster ein Netzwerk gepflegt wird, umso stärker sind die Verbindungen und Erfolge, die daraus resultieren. Ziel ist die Zusammenarbeit von Menschen mit unterschiedlichen Talenten, Ideen und Kompetenzen in einem starken Netzwerk. Betrachten Sie Beziehungsaufbau als Kommunikations- und Lebensstil und als Philosophie. So schaffen Sie sich eine Welt von Verbindungen, die geprägt ist von Win-win-Situationen. Kooperieren statt konkurrieren lautet die Devise.

10. Setzen Sie auf Klasse statt Masse

Der britische Psychologe Robin Dunbar kann uns dabei helfen einzuschätzen, wie groß die Gruppe unserer Kontakte sein sollte. Dunbar ist Leiter des Institute of Cognitive and Evolutionary Anthropology an der University in Oxford. Anfang der 1990er Jahre untersuchte er den Zusammenhang zwischen dem Gehirnaufbau von Säugetieren und der Gruppengröße, in denen diese Säuger jeweils leben. Für uns Menschen ergibt sich demnach eine maximale Gruppengröße von 150 – die sogenannte Dunbar-Zahl. Diese Zahl hat als Dunbar's Number in verschiedenen Werken zum Thema Kommunikation Eingang gefunden. Dunbar zufolge stimmt diese mit empirischen Beobachtungen an menschlichen Gemeinschaften überein.

Was heißt das für uns? Wissenschaftlich gesehen verkraftet der Mensch also 150 Kontakte – 150 Kontakte als natürliche Obergrenze. Damit ist die Menge an Kontakten gemeint, die ein Mensch intensiv pflegen kann.

Das zeigt, was wir von womöglich noch ungeordneten Visitenkarten-stapeln und rekordverdächtigen Facebook- und Xing-Kontakten zu halten haben: Qualität kommt vor Quantität. Oder zeigen Sie mir, wie Sie neben Ihrem Job regelmäßig und intensiv 2.000 bis 3.000 Menschen „betreuen". Jeder PR-Profi weiß, dass ein umfangreicher Verteiler allein nicht zum Erfolg führt. Richtig verstandenes Kontaktmanagement zielt auf „wirkliche" Kontakte. Und ein „wirklicher" Kontakt ist wertvoller als hunderte, zu denen Sie in keiner wirklichen Beziehung stehen.

19.000 Kontakte in Xing

Einer befreundeten Journalistin wurde vom Xing-System mehrfach ein Kontakt angeboten, den sie schließlich in die Reihe ihrer Kontakte aufnahm, um dann erstaunt festzustellen, dass dieser Mensch mit über 19.000 Xing-Profilen vernetzt ist. Ob er damit ins Guinness-Buch der Rekorde will?

Da diese Person noch dazu permanent belanglose Statusmeldungen absonderte, entschied sich meine Bekannte zum einzig richtigen Schritt: Kontakt löschen.

Die Bedeutung von Kontaktmanagement heute

Fundiertes Kontaktmanagement ist heute wichtiger denn je, für den Einzelnen ebenso wie für Unternehmen und Organisationen. Unsere Arbeitswelt flexibilisiert sich konstant, die Globalisierung nimmt zu, die modernen Kommunikationsmittel ersetzen vielfach persönliche Kontakte – all dies lässt die Bedeutung von durchdachtem Kontaktmanagement stetig steigen.

Die vielgepriesenen digitalen Social Networks können dabei nur ein Baustein unter vielen sein, im Businessbereich wie im privaten Sektor. Digitale Plattformen sind in der Geschäftswelt inzwischen zwar unerlässlich, allerdings nur ein erster Schritt – erst dann folgt das Wesentliche, nämlich der menschliche Faktor.

Schlussendlich wollen wir Menschen treffen und keine Phantome. Wir sind soziale Wesen aus Fleisch und Blut. Wir lassen uns faszinieren von Menschen mit Ausstrahlung und Charisma. Wir arbeiten lieber mit Persönlichkeiten zusammen, denen wir vertrauen und mit denen die Chemie stimmt.

Trotz knapper Geld- und Zeitbudgets, Webcams und Telefonkonferenzen reisen viele Unternehmer, Geschäftsleute und Manager täglich viele Stunden, nur um einen Auftrag „dingfest" zu machen. Gewisse Dinge bespricht man eben immer noch am besten von Angesicht zu Angesicht. Daran wird sich auch in Zukunft nichts ändern.

COACHING-CHECKLISTE
Sind Sie ein versierter Networker?

Erinnern Sie sich einmal an die letzte Veranstaltung, an der Sie teilgenommen haben und beantworten Sie sich folgende Fragen:

⊃ Exakt wie viele neue interessante Menschen haben Sie kennengelernt?

⊃ Haben Sie bei der Kontaktaufnahme den ersten Schritt gemacht?

⊃ Was ist Ihnen bei den anderen Teilnehmern aufgefallen? Sind diese aktiv auf Sie zugegangen?

⊃ Haben Sie die Veranstaltung gerne besucht?

⊃ Wie hatten Sie sich darauf vorbereitet?

⊃ Was waren Ihre selbstgesteckten Ziele für die Veranstaltung?

⊃ Gibt es etwas, das Sie auf der nächsten Veranstaltung besser machen wollen?

⊃ Konnten Sie jemandem, den Sie neu kennengelernt haben, einen interessanten Tipp geben?

⊃ Was verstehen Sie persönlich unter wertvollem Kontaktmanagement?

2 Hinter den Kulissen: Facebook, Xing und Co.

Xingen Sie noch oder sind Sie schon erfolgreich?

Facebook, Xing, LinkedIn – mittlerweile begegnen wir diesen Markennamen in ganz unterschiedlichen Lebenszusammenhängen, fast könnte man die digitalen Netzwerke als omnipräsent bezeichnen. Muss man heute unbedingt in den digitalen Medien vertreten sein, um dazuzugehören? Wie hoch ist die Präsenz in den digitalen Medien wirklich zu bewerten? Und welche Spielregeln gilt es zu beachten?

Soziale Plattformen: Ein Massenphänomen?

Die nackten Zahlen klingen beeindruckend: Mehr als eine halbe Milliarde Menschen sind allein in Facebook, dem größten aller sozialen Netzwerke im Internet, gelistet. Alle Facebook-User weltweit verbringen zusammen täglich 16 Milliarden Minuten (das sind mehr als 30.000 Jahre) auf der Internetseite und haben im Durchschnitt jeweils 130 Freunde.

Fakt ist: Digitale soziale Netzwerke sind aus dem Alltag gerade junger Menschen nicht mehr wegzudenken und gehören ganz selbstverständlich zum Alltag. Anonymität und Privatsphäre werden freiwillig aufgegeben, um in unserer zunehmend digitalisierten Gesellschaft Aufmerksamkeit zu erlangen.

Eine Studie von TNS-Infratest (Mai 2010) zu den Grundeinstellungen und Wertevorstellungen der Social Networker kommt zu dem Ergebnis, dass „die Mitglieder sozialer Netzgemeinschaften besonders fortschrittlich, experimentierfreudig und dynamisch sind."[1]

Nach dem Semiometrie-Verfahren ermittelte die Untersuchung, dass Community-Mitglieder Begriffe wie „Geschwindigkeit", „Veränderung", aber auch „Unordnung" und „wild" besonders hoch bewerteten, was eine überdurchschnittlich lebensfrohe und erlebnisorientierte Grundeinstellung widerspiegele.[2]

Zudem hat die explosionsartige Entwicklung von Online-Shops nicht nur das Konsumverhalten verändert, sondern auch die digitalen Netzwerke beflügelt. Mehr als 40 Millionen Menschen haben im Zeitraum September 2010 bis September 2011 ein Produkt im Internet gekauft, verkündet die Arbeitsgemeinschaft Online-Forschung (Agof)[3]. Vor dem Kauf neuer Produkte informieren sich fast 49 Millionen Menschen im Netz – das sind 98 Prozent aller Internetnutzer – über die Eigenschaften des Produktes. Neben Preisvergleichsseiten gewinnen Nutzerkommentare, Blogs und soziale Netzwerke zunehmend als kaufentscheidendes Zünglein an der Waage an Bedeutung, insbesondere im technischen Bereich. So nutzen beim Kauf einer Spielekonsole bereits 83 Prozent der Konsumenten die sozialen Medien, um sich zu informieren, wie das Marktforschungsinstitut Harris Interactive in einer Studie herausgefunden hat[4].

Übrigens ...

Eine der größten Facebook-Communitys befasst sich mit der Marke Nutella. Sie hat über 12,5 Millionen Fans und fast 130 Fanseiten, gefolgt von Disney mit 10,6 Millionen Fans.

Eine boomende Sonderform der Social Networks ist die Online-Videoplattform YouTube. Seit 2005 kann dort jedermann kostenlos selbst produzierte Videos veröffentlichen. Mittlerweile werden auf YouTube täglich etwa 65.000 Videos hochgeladen[5]. Die 2006 erfolgte Übernahme des Unternehmens durch Google für 1,31 Milliarden US-Dollar verdeutlicht die Bedeutung für die Medien- und Kommunikationslandschaft.

Social Networks vereinfachen US-Wahlkampf

Ein eindrucksvolles Beispiel für die Wirkung digitaler Netzwerke war der Wahlkampf des heutigen US-Präsidenten Barack Obama. Mit einer Kampagne auf Facebook hat er binnen kurzer Zeit eine riesige Anzahl von Wählern motivieren können.

Dieser Erfolg ist kein Zufall, sondern das Ergebnis strategischer Planung. Dies sollten Sie beherzigen, auch wenn Sie keinen Wahlkampf gewinnen, sondern ein nachhaltiges persönliches Netzwerk aufbauen möchten.

Die digitale Welt der unbegrenzten Möglichkeiten?

Um digitale soziale Netzwerke erfolgreich nutzen zu können, sollte man sich die Mitglieder auf den Plattformen vorher genauer ansehen. Wer ist die Zielgruppe? Welche Themen herrschen vor? Während Facebook, SchülerVZ und StudiVZ/MeinVZ tendenziell eher den privaten Nutzer ansprechen, hat sich Xing im Businessbereich als Marktführer etabliert.

Grundsätzlich verwalten soziale Netzwerke oder Plattformen den persönlichen Steckbrief mit Lebenslauf, Interessen, Ansichten, Ideen und Kontaktwünschen. Zudem bündeln sie die Kommunikationskanäle. Das bedeutet, sie dienen nicht nur dem Austausch persönlicher Informationen, sondern auch als Foto-, Musik- oder Videoplattform und erlauben eine zwanglose digitale Kontaktaufnahme.

Internetnutzer haben inzwischen zunehmend die Qual der Wahl. Weit über 100 Adressen gibt es – Tendenz steigend – für Privates und Geschäftliches, für jedes Hobby, für jeden Geschmack und für jede Branche.

Für die Zukunft wird mit einer weiteren Diversifizierung zu rechnen sein, um der Nachfrage nach mehr fachlichem Austausch und Branchenkontakten zu entsprechen. Die Herausforderung ist, die für die eigenen Ansprüche und Ziele relevanten Plattformen herauszufiltern und eventuell damit verbundene Risiken einzugehen.

Die bedeutendsten digitalen Plattformen: Ein Auszug

Name	Grün-dungs-jahr	akt. Nutzer-zahl Dtld.	Charakteristik	Besonderheit	Verbreitung	Kosten	Business / privat
Facebook	2004	38 Mio. (04/2011)	international ausgelegte Freundeplattform	„Wall": Sie sammelt alle neuen Einträge in den Profilen der eigenen Freunde und dient so als Infobasis für alle News der eigenen Freunde – zeitgleich.	weltweit	kostenlos	vorrangig pri-vate Nutzung, bietet auch die Möglich-keiten für die berufliche Ausnutzung des Profils.
wer kennt wen? (wkw)	2006	7,5 Mio. (04/2011)	Onlinecommunity	Anders als bei Facebook ist die Offenlegung des ei-genen Surfverhaltens und der Aktivitäten nicht zwingend. Nur bei wkw eingeloggte Nutzer können die Daten der anderen Mitglieder einsehen.	Deutschland	kostenlos	privat

Name	Gründungs-jahr	akt. Nutzer-zahl Dtld.	Charakteristik	Besonderheit	Verbreitung	Kosten	Business / privat
stayfriends	2002	6,8 Mio. (04/2011)	Onlinecommunity für ehemalige Klassenkamera-den und Freunde	hat sich darauf spe-zialisiert, ehemalige Mitschüler und -in-nen zu vernetzen	weltweit	kostenlos	privat
Schüler VZ	2007	5,1 Mio. (04/2011)	für Kinder und Jugendliche ab 12 Jahren	„gruscheln" = Kombi-nation zwischen Grü-ßen und Kuscheln zur Kontaktaufnahme	Deutschland	kostenlos	privat
Mein VZ	2008	4,6 Mio. (04/2011)	„für alle anderen"	„gruscheln" = Kombi-nation zwischen Grü-ßen und Kuscheln zur Kontaktaufnahme	Deutschland	kostenlos	privat
Twitter	2006	4,6 Mio. (04/2011)	Echtzeitkommu-nikation, Empfeh-lungsmaschine	besondere Form der Plattform als schnel-les Kommunikatons-Tool – von überall	weltweit	kostenlos	Business/ privat

Name	Grün-dungs-jahr	akt. Nutzer-zahl Dtld.	Charakteristik	Besonderheit	Verbreitung	Kosten	Business / privat
Xing	2005	3,5 Mio. (04/2011)	Businessplatt-form, ermöglicht detaillierte Profileinstellung und Business-vernetzung, Kernfunktion = Sichtbarmachen des eigenen Kontaktnetzes	sichtbar, wenn man das Profil der anderen Mitglieder besucht hat	Deutschland, Österreich, Schweiz	nur Pre-miummit-gliedschaft kosten-pflichtig: 5,95 €/ Monat	Business
flickr.com	2002	3,2 Mio. (04/2011): über 5000 uploads/ Min.	Onlinefoto-management mit Community-elementen, erlaubt Austausch und Nutzung von Fotos	Kanada, seit 2007 in mehreren Sprachen, auch deutsch	international	kostenlos	privat
MySpace.com	2003	2,9 Mio. (04/2011)	ursprünglich: kostenlose Daten-speicherung im Internet, Online-community	Bands und Fans kön-nen miteinander in Verbindung treten	weltweit	kostenlos	privat

Name	Grün-dungs-jahr	akt. Nutzer-zahl Dtld.	Charakteristik	Besonderheit	Verbreitung	Kosten	Business / privat
StudiVZ	2005	2,9 Mio. (04/2011)	für Studenten	„gruscheln" = Kombi-nation zwischen Grü-ßen und Kuscheln zur Kontaktaufnahme	Deutschland	kostenlos	privat
LinkedIn	2003	1,6 Mio. (04/2011)	international aus-gelegte Business-plattform	eigenes Profil kann mit zusätzlichen Anwendungen zur Integration von etwa Google Presentations oder Blogs wie Word-press angereichert werden	weltweit	kostenlos, spezielle Premium-accounts 19,50 €	Business
kwick.de	1999	1,1 Mio. (04/2011)	Onlinecommu-nity für User, die jünger oder älter als die Facebook-user sind	auch stark auf Singles ausgelegt, die Kontakte knüpfen wollen	Deutschland	kostenlos	privat
spin.de	1996	1,1 Mio. (04/2011)	Onlinecommunity mit regionalen Untercommu-nities	Geschenkesystem, bei dem mit Spin-Punkten bezahlt werden muss	Deutschland	kostenlos	privat

Name	Gründungs-jahr	akt. Nutzer-zahl Dtld.	Charakteristik	Besonderheit	Verbreitung	Kosten	Business / privat
Sonderformat							
YouTube	2005	täglich werden pro Minute 35 Std. Videomaterial hochgeladen (11/2010) und 2 Mrd. Clips angesehen (05/2010)	Publikation von eigen produzierten Videos	Videoplattform	weltweit	kostenlos	privat

Quellen:
http://jappyblog.de/inside-jappy/3839/nutzerzahlen-im-april-2011-jappy-wachst-stetig-weiter
http://www.gutefrage.net/frage/wie-viele-videos-werden-taeglich-auf-youtube-hochgeladen
(abgerufen am 29.01.2012)

Soziale Netzwerke als wirksames digitales Ergänzungstool

Ob Social Networks Fluch oder Segen sind, hängt davon ab, wie Sie sie nutzen. Im besten Fall können Sie eine gepflegte und erweiterte Online-Visitenkarte darstellen, die Ihre Kenntnisse und Fähigkeiten spiegelt. Durch eine aktive Teilnahme an fachbezogenen Foren und Blogs lassen sich auch Kontakte anbahnen. Grundsätzlich können sich gerade für Spezialisten Chancen auf lukrative Aufträge oder Jobangebote ergeben.

Allerdings sollte die Bedeutung nicht überschätzt werden. Online-Netzwerke sind eher ein ergänzendes Werkzeug der Vernetzungstechnik. Neben der professionellen Selbstdarstellung eignen sie sich hervorragend als Recherchemedium. Üblicherweise suchen Nutzer – wie Sie vermutlich auch – im Internet Informationen über andere Personen, sei es aus privaten oder aus geschäftlichen Interessen. So verschafft man sich vor wichtigen Gesprächen einen gewissen Informationsvorsprung und erhält vor der Begegnung einen Überblick über Lebenslauf, Kenntnisse, Expertisen und Vorlieben der Person, mit der man ins Gespräch, in Kontakt, ins Geschäft kommen möchte.

Das Internet mit seinen sozialen Netzwerken ist dank der informativen digitalen Visitenkarten inzwischen auch zum Eldorado für Headhunter geworden: Auf ein Stichwort erscheinen reihenweise potentielle Bewerber, sie müssen nur noch die geeigneten Kandidaten auswählen. Auch Personalverantwortliche nutzen dieses fruchtbare Recherche-Tool, um sich die betreffende Person und die Art ihrer Selbstdarstellung anzusehen und zu prüfen, ob sie zum Haus und zur vakanten Position passt.

Deshalb vergessen Sie nicht, auch Ihren Kindern und sonstigen Familienangehörigen einzuprägen: keine Peinlichkeiten ins Netz. Die Folgen können weitreichend sein, wie ein Beispiel aus Indonesien zeigt: Die Tochter des indonesischen Ex-Verkehrsministers twitterte, wie „genervt sie vom Stau in Jakarta sei" und wies ihrem Vater eindeutig die Schuld zu. Der musste sich dafür offiziell entschuldigen.[6]

Wie bei vielen Dingen gilt eben auch im Fall der digitalen, sozialen Netzwerke: Die Dosis macht das Gift.

Wie Sie die richtige „Dosis" finden, um im digitalen Raum erfolgreich und effektiv zu netzwerken, zeigt Ihnen der folgende kleine Leitfaden, bei dem ich auf den Überlegungen von Alexander Hüsing und Tjalf Nienhaber aufbaue[7]:

Tipps für erfolgreiches Online-Networken

Zunächst: Zieldefinition

Am Anfang sollten Sie präzise formulieren, was Sie digital erreichen wollen. Denken Sie daran: Auch andere nutzen die digitalen Netzwerke als Recherche-Tool – richten Sie Ihre Selbstdarstellung also auf Ihre persönlichen Ziele aus.

Online-Netzwerke auswählen

Starten Sie zunächst in den renommierten Netzwerken. Gemischte Business-Communities wie Xing bieten breite Chancen. Für den Wissenstransfer sind berufs- und branchenspezifische Netzwerke hervorragend geeignet. Sie lernen hier die Schlüsselfiguren Ihrer Branche kennen. Auch Hobbys bieten Anknüpfungspunkte zum Networking: Wenn Sie zum Beispiel segeln, suchen Sie sich eine hochkarätige Segel-Community.

Die virtuelle Visitenkarte

Sie brauchen auch in der digitalen Welt ein aussagekräftiges Profil. Zeigen Sie Ihre fachliche Qualifikation und unterstreichen Sie Ihre Vorteile. Dennoch: Immer authentisch und aktuell bleiben. Wenn Sie ein Foto einstellen, dann bitte ein professionell erstelltes. Grundsätzlich schaffen Fotos Aufmerksamkeit und Sympathie. Außerdem: Nur mit dem richtigen Stichwort im Profil werden Sie gefunden. Daher gilt: Benennen Sie klar die eigenen Fähigkeiten und äußern Sie konkret, was Sie suchen und was Sie zu bieten haben.

Zeit investieren

Niemand kann sich von heute auf morgen nachhaltig vernetzen. Deswegen: Pflegen Sie Ihre Kontakte. Auch hier beachten: Geben Sie, bevor Sie nehmen! Zum erfolgreichen Networking gehört Geduld. Seien Sie aktiv. Wer nur darauf wartet, dass er angeklickt wird, bekommt wenig Resonanz. Aber wer sich aktiv in Foren beteiligt und auf andere zugeht, fällt auf, formt ein Image und tritt damit in den Kommunikationsprozess ein.

Keine Zeit verschwenden

Networken kann zum Zeitfresser werden. Die Redewendung von der „Time Toilet Facebook" macht die Runde, wertvolle Lebenszeit werde im digitalen Nirwana versenkt. Setzen Sie sich deshalb ein zeitliches Limit für Ihre Networking-Aktivitäten, halten Sie sich auch daran – und konzentrieren Sie sich auf Ihre Ziele.

Synergien erzeugen

Nutzen Sie Ihr Networking-Know-how und bauen Sie ein Kontaktnetz zu Anbietern auf, die Ihre eigenen Leistungen oder Ihr Unternehmen sinnvoll ergänzen. So können Sie Ihren Kunden attraktive Komplettlösungen bieten und sich von Mitbewerbern abheben.

Die Kombination von online und offline

Unerlässlich ist es, sich nach dem digitalen Austausch auch persönlich kennenzulernen. Intensivieren Sie den Kontakt und geben Sie ihm eine stabile Basis.

Auch mal ablehnen

Qualität geht vor Quantität. Viele Mitglieder auf digitalen Plattformen sehen sich eher als Sammler und kontaktieren wahllos Mitglieder, um auf Masse zu kommen. Überlegen Sie deswegen genau, wen Sie in Ihren engeren Kontaktkreis aufnehmen. Auch dadurch prägen Sie Ihr Image. Ein „Nein" zur Kontaktanfrage mit einer argumentativ hochwertigen Begründung wie zum Beispiel „Ich nehme nur Personen in mein Netzwerk auf, die ich persönlich kenne" verschafft Ihnen Mehrwert.

Grenzen zwischen Beruf- und Privatleben beachten

Wir alle sind Menschen mit unterschiedlichen Vorlieben, Interessen und Hobbys. Dennoch sollte man sich der Grenze zwischen Freizeitvergnügen und Professionalität bewusst sein, insbesondere, wenn man in entsprechender Position tätig ist oder sein möchte. Gehen Sie deshalb bedacht mit Ihren Informationen um.

Trennen Sie Privates und Geschäftliches

Prinzipiell sind persönliche Dinge wie Fotos vom letzten Strandurlaub, vom Hamsternachwuchs oder der Geburtstagsparty auf Business-Plattformen an der falschen Stelle. Und auch für eher privat orientierte Plattformen gilt: Stellen Sie nichts ins Netz, was Ihr Chef oder Geschäftspartner nicht sehen sollte. Denn er findet es bestimmt!

Eigenes Netzwerk gründen

Die Technik macht es möglich: Jeder kann seine eigene Community aufbauen. Ist Ihre Branche noch unterrepräsentiert? Möchten Sie ein Thema besetzen? Gründen Sie zunächst eine eigene Gruppe in einem der etablierten Netzwerke, später könnte diese in eine eigene Community-Lösung münden.

Datensicherheit? Datenschutz? Fehlanzeige!

Wie im richtigen Leben muss man sich auch im globalen Netz kritisch und umsichtig bewegen.

Mit den Datenschutzmängeln von sozialen Netzwerken beschäftigte sich eine Untersuchung der Stiftung Warentest (März 2009). Vor allem amerikanische Netzwerke wie MySpace und Facebook schnitten darin schlecht ab. Um die Sicherheit der Netzwerke zu prüfen, betätigten sich Mitarbeiter von Stiftung Warentest mit Zustimmung der betreffenden Betreiber als Hacker. Facebook, MySpace und LinkedIn, die dies ablehnten, wurden wegen mangelnder Transparenz abgewertet.[8]

Dazu kommt, dass mit Ausnahme von Xing keine der üblichen Plattformen dazu geeignet ist, in einem öffentlichen drahtlosen Netzwerk (sogenannter Hotspot) in Internetcafés und Bahnhöfen oder in einem fremd administrierten Netzwerk, beispielsweise am Arbeitsplatz, genutzt zu werden. Angreifer können leicht den Datenverkehr mitlesen und sich in die laufende Nutzersitzung einklinken. Bei manchen Plattformen ist sogar das Nutzerkennwort gefährdet, da es unverschlüsselt übertragen wird.

Kleine Überraschung

Besonders bei Facebook sind auch die Datenschutz-Grundeinstellungen zu beachten – sonst landet man bei telefonbuch.de. So geschehen einer Freundin, die doch überrascht war, als sie auf den Seiten von telefonbuch.de ihr Foto erblickte, versehen mit dem Hinweis, man könne sie auf Facebook kontaktieren und als Freundin hinzufügen.

Nach intensiver Recherche fand sie die gut versteckte Einstellung bei Facebook, mit der sie verhindern kann, dass ihre Daten auf anderen Webseiten veröffentlicht werden.

Vorsicht vor dem Like-Button

Der für Facebook typische „Like-Button" ist nicht nur eine einfache Möglichkeit, sein Gefallen an einem Webinhalt kundzutun („XY mag diese Seite"), sondern lässt angemeldete Facebook-User auch sehen, welche anderen Kontakte aus dem eigenen Freundeskreis welche Seiten gutfinden. Ein schöner „word of mouth"-Effekt. Dennoch ist Vorsicht geboten, wie folgendes Beispiel zeigt:

Ein bekanntes Stadtportal entschied sich für die Integration des Facebook-„Like-Buttons" auf der eigenen Seite. Das Portal wollte dadurch die Kommunikation mit seinen Nutzern intensivieren, aber auch die Vernetzung der Besucher untereinander fördern. In kürzester Zeit kamen über 10.000 „Likes" zusammen. Verantwortungsbewusst entschied man sich, die Funktion wieder zu entfernen. Der Schutz der persönlichen Daten der Besucher auf dem Portal war gefährdet, denn auf der Seite wurden auch Daten von Usern gesammelt, die den Button überhaupt nicht geklickt hatten – also von jedem!

Überschätzt: Die Anonymität im Netz

Falls Sie noch an die Anonymität im Netz glauben: Diese ist leider so real wie der Weihnachtsmann. Suchmaschinen sammeln unzählige Daten, die Plattformbetreiber wissen sehr viel über ihre Nutzer.

Diesen mangelnden Privatsphäreschutz kritisiert auch das Fraunhofer Institut für Sichere Informationstechnologie[9]:

1. Es werden weitaus mehr Informationen rund um den User gesammelt als erforderlich.

2. Die „Verschlüsselung" der Daten ist nach dem Fraunhofer Institut bei keiner der Plattformen perfekt gelöst. Am besten schneidet hier noch Xing ab.

3. MySpace, StudiVZ/MeinVZ und Facebook bieten die besten Möglichkeiten, um Daten zu verwalten oder auch den Zugang zu ihnen zu kontrollieren.

4. Bilder und Videos können bei allen Netzwerken verlinkt oder hochgeladen werden. Dadurch sind sie auch von außen zugänglich.

5. Problematisch ist der Umgang mit gelöschten Profilen. Bei einigen Plattformen ist diese Funktion gar nicht vorgesehen, bei manchen kann das Profil nur deaktiviert werden.

Fazit: Kein Dienst konnte hinsichtlich des Privatsphäreschutzes überzeugen.

Im Jahr 2006 beispielsweise wurden über eine Million StudiVZ-Profile systematisch ausgewertet. Journalisten und Mediendienste besorgten sich in sozialen Netzwerken Bilder und Informationen. In den USA werden regelmäßig die auf sozialen Netzwerken verfügbaren Informationen bei polizeilichen Ermittlungen herangezogen.

Gehen Sie also davon aus, dass sogenannte private Daten im Internet nicht privat bleiben – und zwar unabhängig von irgendwelchen angeklickten Privatsphäre-Stufen.

Testen Sie Ihre Online-Reputation

Alkoholgelage bis der Arzt kommt, neckische Partys in leichter Bekleidung – das kann jeder halten, wie er möchte. Aber Beweisfotos im Netz sind echte Karrierekiller, zumal das Netz ein Elefantengedächtnis hat. Zur Überprüfung, auch wegen eventuellen Missbrauchs, sollten Sie immer mal wieder Ihren Namen bei Google eingeben und prüfen, was darunter so alles erscheint. Eine zusätzliche Möglichkeit: Mit dem Monitoring-Tool Google Alert können Sie sich darüber informieren lassen, wann Ihr Name mit welchen Inhalten im Internet auftaucht.

Was tun im Worst Case?

Um peinliche Einträge aus dem Netz zu eliminieren, ist es notwendig, die Mitgliedschaft zu beenden oder den jeweiligen Account zu löschen. Mit der Abmeldung verliert man alle eingetragenen Profildaten, seine Kontakte, seine privaten Nachrichten und eventuelle Gruppenmitgliedschaften. Bestehen bleiben Einträge in Foren: Der Autor des Artikels (Vor- und Zuname) wird weiterhin angezeigt, das Profil ist allerdings nicht mehr aufrufbar. Eventuelle Restspuren einer Registrierung bleiben leider bestehen.

Der digitale Radiergummi

Inzwischen gibt es erste technische Ansätze, um die Oberhoheit für Partyfotos und Kommentare wiederzuerlangen. Denn Saarbrücker Informatiker haben eine Art digitalen Radiergummi entwickelt (siehe www.x-pire.de). Damit können Nutzer künftig ihre Daten mit einem Verfallsdatum versehen. Das soll funktionieren, indem die Nutzer die Daten vor der Veröffentlichung im Internet verschlüsseln. Will jemand sie ansehen, muss er den passenden Schlüssel anfordern. Und wenn die vorgesehene Frist abläuft, zieht das System die Schlüssel aus dem Verkehr.

Unabdingbar: Die persönliche Begegnung

Aktuell wird häufig – interessanterweise vor allem im Netz – darüber diskutiert, welchen Nutzen Social Networks wie Xing oder LinkedIn tatsächlich haben. Jüngsten Umfragen zufolge gibt nur ein kleiner Teil der Benutzer an, bisher wirkliche Gewinne aus den Xing-Aktivitäten gezogen zu haben. Außerdem nutzt ein großer Anteil der Netzwerker Online-Netzwerke nahezu ausschließlich für private Zwecke – Business-Netzwerker sind eher genervt, wenn sie von ihren Kontakten vor allem Wasserstandsmeldungen und Fußballtipps erhalten. Also denken Sie selbst bei Ihren Statusmeldungen immer auch an Ihr berufliches Image.

Es gibt kritische Stimmen, die befürchten, dass die Generation, die jetzt mit Facebook und Co. aufwächst, Schwierigkeiten haben wird, in der realen Welt zu kommunizieren. Ihre Kommunikationsfähigkeit nehme drastisch ab, der „reale" und der „digitale" Mensch driften auseinander.

Eine Studie des Psychologischen Instituts der Universität Zürich, an der insgesamt 1.000 Personen teilnahmen, lieferte interessante Ergebnisse zu diesem Aspekt: Offenbar nutzen vor allem extrovertierte Menschen Facebook. Aber: Menschen, die Facebook nicht nutzen, besitzen laut der Studie mehr Lebenszufriedenheit. Sie weisen außerdem eine bessere psychische Gesundheit auf und sind gewissenhafter als die Facebook-Fans. Dieser Punkt birgt eine interessante Schlussfolgerung. Denn Gewissenhaftigkeit hänge aufgrund der Erkenntnisse aus mehreren psychologischen Studien eng mit dem Erfolg im Berufsleben zusammen. Die Conclusio der Züricher Forscher lautet: Menschen, die nicht in sozialen Netzwerken aktiv sind, sind gewissenhafter und haben in der Regel größeren beruflichen Erfolg. Und: „Nicht Facebook, sondern die Persönlichkeit ist entscheidend."[10]

Meine Empfehlung: Soziale Netzwerke wirken sich nur dann negativ im Geschäftsleben aus, wenn man sie nicht adäquat nutzt und digitale Kontakte nicht durch die persönliche Begegnung intensiviert.

Nichts ist facettenreicher als die menschliche Persönlichkeit. Keine digitale Plattform kann all die Signale und Empfindungen zwischen zwei Menschen transportieren, die sich gegenüberstehen und mit einem Händedruck begrüßen. Beim persönlichen Kennenlernen entscheidet sich in Sekundenschnelle, ob die Chemie stimmt und ob jemand Charisma ausstrahlt oder nicht. Online funktioniert Charisma leider nicht.

Charisma

Ursprünglich ein biblischer Begriff für „Gnadengabe", wird seit den 1990er Jahren immer stärker als wichtiger Erfolgsfaktor für Führungskräfte postuliert.

Charismatische Menschen müssen gar nicht viel sagen, um andere in ihren Bann zu ziehen. Eine der wohl derzeit charismatischsten Persönlichkeiten ist US-Präsident Barack Obama; sein Wahlkampf und seine Rede in der Wahlnacht 2008 sind legendär.

Charisma ist nicht etwas, das jemand hat. Es entfaltet seine Wirkung erst in der Begegnung mit anderen. Drei Eigenschaften von Charismatikern identifiziert einer der renommiertesten Psychologen Großbritanniens und Professor an der Universität von Hertfordshire, Richard Wiseman:

1. Sie empfinden Emotionen sehr stark.

2. Sie vermögen, andere Menschen starke Emotionen leben zu lassen.

3. Sie sind unabhängig gegenüber den Einflüssen anderer Charismatiker.

Weitere Kennzeichen charismatischer Menschen sind Authentizität und intuitive Körpersprache.

Was Sie auch online wecken können, ist Sympathie. Deshalb achten Sie gerade bei den kurzen Online-Texten auf Ihre Sprache und Tonalität. Und beherzigen Sie das Gebot aus Kapitel 1: Geben ist besser als Nehmen. Schenken Sie Ihrem Gegenüber Aufmerksamkeit, Zuwendung, Unterstützung, interessante Kontakte oder Informationen ... und die Sympathie wächst – noch vor dem ersten persönlichen Kennenlernen.

COACHING-CHECKLISTE
Wie digital sind Sie?

つ Auf welchen Plattformen haben Sie Ihr Profil angelegt?

つ Wie viel Zeit investieren Sie kontinuierlich für Ihr Online-Kontaktmanagement?

つ Legen Sie Wert darauf, Ihre Online-Kontakte auch persönlich kennenzulernen? In welchem Zeitabstand?

つ Wie viele „Freunde" haben Sie dort jeweils?

つ Mit welchen Fotos sind Sie dort vertreten?

つ Welche Daten haben Sie hinterlegt? Ausschließlich Business-Daten?

つ Sind Sie mit Ihren Familienangehörigen digital in Verbindung zu bringen?

つ Haben Sie ein Google Alert zu Ihrer Person eingerichtet?

つ Haben Sie die Häkchen an der richtigen Stelle gesetzt, damit Ihre Daten nicht auf anderen Online-Plattformen zu finden sind?

3 Von Mensch zu Mensch: Die Soft Skills

Immer mehr Personalverantwortliche räumen bei der Beurteilung von Mitarbeitern oder Bewerbern der sozialen Kompetenz einen ähnlich hohen Stellenwert ein wie der fachlichen Kompetenz. Neben fundiertem Know-how werden persönliche Eigenschaften und Fertigkeiten geschätzt, die das zwischenmenschliche Miteinander und die Zusammenarbeit erleichtern, fördern und erfolgreicher machen. Überall, wo Menschen miteinander in Kommunikation und Aktion treten, verhilft soziale Kompetenz zu mehr Erfolg. Insofern sollten wir sie gerade im Kontaktmanagement nicht vernachlässigen. Das Gute daran: Man kann soziale Kompetenz erlernen und trainieren.

Die soziale Kompetenz setzt sich aus einer Reihe an Soft Skills, auch weiche Persönlichkeitsfaktoren genannt, zusammen und zeigt sich in vielen Facetten – vom offenen Lächeln über die Kommunikations- und Kontaktfreude bis hin zur Fähigkeit, zielorientiert Verhandlungen zu führen.

Von Soft Skills zu Key Skills

Im Wirtschafts- und im Privatleben gilt heute: Sie werden umso erfolgreicher sein, je bewusster Sie Ihre soziale Kompetenz ausbauen und erweitern.

Gerade für die Führungsebene ist eine überdurchschnittliche soziale Kompetenz unverzichtbar – im Umgang mit Kunden und Kollegen aus den unterschiedlichsten Kulturen und Sozialisationshintergründen. Wir leben in und durch Beziehungen, und da „menschelt" es immer und überall. Fachliches Können *und* Persönlichkeit sind gefragt – Soft Skills sind heute Key Skills, an deren Abwesenheit schon mancher Einzelkämpfer gescheitert ist. Das muss nicht sein. Soft Skills wie unter anderem Menschenkenntnis lassen sich entfalten, zum Beispiel, indem Sie sich auf die Persönlichkeit Ihres Gegenübers einlassen.

Die Empathie

Empathie (aus dem Griechischen für „Einfühlen" oder „Mitfühlen") bezeichnet das Sichhineinversetzen in den Gesprächspartner. Es erfordert ein gutes Beobachtungsvermögen, Mimikverständnis, Übung und das Hintenanstellen der eigenen Person. Das Ergebnis dieses Perspektivwechsels: Ihr Gegenüber fühlt sich verstanden.

Die Teamfähigkeit

Kaum jemand arbeitet auf sich allein gestellt. Jedes Unternehmen ist in einzelne Systeme untergliedert, bei denen das Individuum idealerweise mit anderen an einem Strang zieht und sich als Teil des Ganzen fühlt. Gerade im Zeitalter der Globalisierung und der immer stärkeren Vernetzung der Welt ist Einzelkämpfertum zumeist die falsche Strategie. Der Austausch von Wissen und Erfahrungen innerhalb der Gruppe sowie Hilfsbereitschaft bilden die Basis für den gemeinsamen Erfolg.

Die Authentizität

Glaubwürdigkeit, Echtheit und Zuverlässigkeit bilden die Säulen der Authentizität. Bei authentischen Personen wirkt die gesamte Erscheinung stimmig: Sie sagen, was sie denken, und dementsprechend handeln sie. Sie machen selten faule Kompromisse, noch lassen sie sich manipulieren. Das Echte, Unverfälschte verleiht ihnen moralische Stärke und macht sie damit unangreifbar.

Das Verantwortungsbewusstsein

Jeder Mensch beeinflusst mit seinem Handeln die Welt um sich herum. Sind Sie sich Ihrer Verantwortung bewusst? Sie sind ein Teil des Ganzen und prägen mit Ihrem Verhalten auch Ihre Umwelt. Mit wie viel Verantwortung Sie Ihren beruflichen Alltag erleben, wie teamfähig Sie sind oder ob Sie eher zu den Alphatieren gehören und den Ton angeben, dazu geben vielfältige Persönlichkeitstests Aufschluss.

Nicht jeder tickt gleich: Die drei Persönlichkeitstypen

Es gibt einige wissenschaftliche Ansätze, um die Vielfalt der menschlichen Individuen zu Typen zusammenzufassen. Ein sehr populäres

Modell ist das des amerikanischen Hirnforschers Paul D. MacLean weiterentwickelte Structogram des Anthropologen Rolf W. Schirm: die Biostrukturanalyse (www.biostructogramm.de). Es geht von drei Basistypen aus, denen jeweils eine Farbe zugeordnet wird:

Rote Menschen

Sie sind geprägt von Ungeduld und bezeichnen sich selbst als Macher. Dieser Typus will bestimmen und am liebsten sofort Ergebnisse sehen. Beim Einkaufen zeigt er sich spontan, ist begeisterungsfähig und reagiert auf Eigenschaften wie: neu, am besten, einzigartig, exklusiv, etwas Besonderes, Marke, Status, Marktführer, Luxus etc. Seine Errungenschaft möchte er sofort haben, Lieferzeiten sind für ihn ein Graus.

Blaue Menschen

Der blaue Typ zeigt sich als bedachter, analytischer Denker. Er informiert sich im Vorfeld gründlich, holt Vergleichsangebote ein und stellt Fragen. Für ihn sind Tests, Referenzen oder Gutachten sehr wertvoll. Wenn Sie ihn überzeugen wollen, helfen Argumente auf Sachebene.

Grüne Menschen

Beim grünen Typ haben wir es mit dem hilfsbereiten und sozial orientierten Menschenfreund zu tun. Er fragt vor dem Kauf seine Freunde, vertraut sich bei Sympathie dem Verkäufer an und kann schon einmal etwas kaufen, nur weil der Verkäufer ihm leidtut. Der Dreh- und Angelpunkt für ihn ist die Beziehung. Sie zählt sogar mehr als Preis, Marke oder Qualität. Selbstverständlich kommt er wieder, wenn er meint, von Ihnen gut beraten worden zu sein.

Das Structogram ist nur eines von vielen Modellen, nach denen Sie Ihr Gegenüber einschätzen und erkennen können. Sie können auch Verfahren einsetzen wie den persolog-Ansatz begründet und lizenziert nach Prof. Dr. J. G. Geier. Als Urheber des persolog-Modells (erstmals DISC-Ansatz 1958) beschäftigt sich Prof. Dr. Geier seit über 40 Jahren mit der Erforschung von Kompetenzen im Bereich des Arbeitsverhaltens. Hier werden die Persönlichkeiten nach Kriterien wie dominant, initiativ, bestimmt und zurückhaltend bestimmt. Aber mit welchem Modell Sie auch arbeiten: Sie lernen Ihr Gegenüber dann am besten kennen, wenn Sie aufmerksam und achtsam mit ihm umgehen, sorgfältig beobachten, ehrliches Interesse zeigen und schließlich fragen, fragen, fragen. Und haben Sie keine Angst davor, als neugierig zu gelten. Die meisten Menschen freuen sich, wenn man Ihnen Aufmerksamkeit schenkt.

Aber achten Sie auf einen ausgewogenen Informationsaustausch, öffnen Sie sich und geben auch Sie Informationen über Ihre Person preis. Nur im Geben und Nehmen entsteht Vertrauen. Der amerikanische Motivationstrainer und „Meister des positiven Denkens" Dale Carnegie (1888 bis 1955) hat es mit folgenden Worten auf den Punkt gebracht:

> „Wer sich für andere interessiert, gewinnt in zwei Monaten mehr Freunde, als jemand, der versucht, andere für sich zu interessieren, in zwei Jahren."

Smalltalk: Die Kür der Kommunikation

Dale Carnegie verfasste 1936 den Klassiker und Bestseller „Wie man Freunde gewinnt. Die Kunst, beliebt und einflussreich zu werden". Er galt als König des Smalltalks und erfolgreicher Networker. Er konnte auf Menschen zugehen, ihren Geschichten zuhören und deren Sicht der Welt erfragen. Sein Erfolgsrezept: Beim Smalltalk ging es ihm vorrangig um ganz einfache zwischenmenschliche Themen, die jeden von uns betreffen und uns am meisten bewegen: Gesundheit, Vermögen und Kinder.

Was ist Smalltalk überhaupt? Ganz nüchtern betrachtet eigentlich nur ein Alltagsgespräch, fast beiläufig und ohne allzu großen Tiefgang. Ein Gespräch also, das sich wie zufällig ergibt, locker und in einem umgangssprachlichen Ton.

Dass Smalltalk im Geschäftsleben keineswegs so zufällig zustande kommt, wie es manchmal den Anschein hat, haben Sie sicher schon bei wichtigen geschäftlichen Verhandlungen oder Präsentationen erlebt: Zu Beginn oder auch am Ende wird ein strategischer Smalltalk eingelegt, als Eisbrecher und um eine angenehme Atmosphäre zu schaffen. Klassische Themen: das Wetter, Sport oder die Anreise, wobei es hier kulturspezifische Unterschiede gibt (lesen Sie dazu auch Kapitel 7).

Smalltalk ist dazu da, miteinander „warm zu werden" – nicht nur in offiziellen Meetings, sondern auch bei der Ansprache Ihnen noch unbekannter Menschen. Im Smalltalk sammeln wir bewusst und unbewusst Informationen, um später entscheiden zu können: sympathisch oder nicht.

Kann man diese leichtfüßige Kunst der Unterhaltung, des „Konversationmachens", des eleganten Wechsels zwischen privaten und geschäftlichen Themen lernen?

Im Prinzip ja, aber es ist wie bei allen Künsten: Es gibt einige Grundregeln und Ratschläge, danach heißt es üben, üben, üben ... ob in der Warteschlange beim Bäcker, am unbekannten Nachbarn in der gleichen Theaterreihe oder wo immer Sie andere Menschen treffen.

Der richtige Auftakt

Um erfolgreich ins Gespräch zu kommen, bedarf es keiner unglaublich geistreichen, brillanten oder klugen Bemerkung. Gelegentlich sind es einfach Worte, die von Herzen kommen, die Gemeinsamkeit schaffen.

Bei der Themenauswahl verlassen Sie sich am besten auf Ihre Intuition. Hier finden Sie einige Anregungen:

- Nutzen Sie gemeinsame Erlebnisse, zum Beispiel durch eine Stellungnahme zum soeben Gehörten. Erläutern Sie Ihren Standpunkt, vielleicht sogar durch eine Provokation? Wenn es um die Präsenz auf digitalen Plattformen geht, vertrete ich beispielsweise gern die Meinung, dass sich wahre Persönlichkeit nicht digitalisieren lässt – und schon entsteht in der Regel eine lebhafte Diskussion rund um die Neuen Medien.

- Halten Sie sich über aktuelle Ereignisse auf dem Laufenden. Das kann so manchen Gesprächseinstieg erleichtern, zum Beispiel, wenn Sie sich in eine Gesprächsrunde einklinken möchten, in der es um ein aktuelles Thema geht.

- Stellen Sie dem potentiellen Gesprächspartner Fragen oder machen Sie ein ehrliches Kompliment.

- Suchen Sie Gemeinsamkeiten.

- Kokettieren Sie mit eigenen Schwächen wie etwa der Lesebrille oder dem Unverständnis für allzu moderne Musik. So locken Sie Ihr Gegenüber aus der Reserve, wecken Sympathie und bauen Hemmschwellen ab.

- Legen Sie kleine „Gesprächsköder" aus. Ein sympathisches Beispiel dafür begegnete mir kürzlich auf einer Bahnfahrt: eine Architektin, die überwiegend mit männlichen Kunden zu tun hat, ein großer Fan von Borussia Dortmund ist und deshalb einen Geldbeutel aus dem Fan-Shop benutzt. Über den Fankult hinaus ist das gelbschwarze Accessoire ein hervorragender Eisbrecher, um mit ihrer vorwiegend männlichen Zielgruppe ins Gespräch zu kommen.

- Versuchen Sie es wie Dale Carnegie mit zwischenmenschlichen „Spitzenthemen". Allerdings ist beachtliches Fingerspitzengefühl gefragt, welche Themen die positive Aufmerksamkeit des Gesprächspartners auf sich ziehen und welche besser ausgeklammert werden sollten. Ein gutes Beispiel sind gleichaltrige Kinder, die sich in der Regel in der gleichen Entwicklungsstufe durch ähnliches Verhalten charakterisieren. Gleich macht Sie ein neutraler Erfahrungsaustausch zum Verbündeten Ihres neuen Gesprächspartners. Für diejenigen, die keine Kinder haben oder keine Gesprächspartner mit Kindern, agieren Sie beispielsweise mit Gesprächsködern (siehe oben) aus dem Freizeitbereich.

Fazit: Bei aller Leichtigkeit bedeutet Smalltalk nicht „Small Brain" – im Gegenteil: Beim Plaudern muss Ihr Geist ständig hellwach sein, denn um andere für sich zu interessieren und zu begeistern, müssen Sie richtig und gekonnt reagieren. Smalltalk ist die hohe Schule der sozialen Kompetenz.

Begeisterung: Überzeugen statt Überrumpeln

In jedem Erstgespräch stehen Sie nach der Smalltalk-Phase irgendwann vor der Herausforderung, Ihre fachliche Kompetenz zu präsentieren. Hier ein paar grundlegende Tipps:

- Stellen Sie sich vor, Sie erzählen jemandem, den Sie gerade kennengelernt haben, von Ihrem Hobby. Begeistert und engagiert erläutern Sie die Vorzüge und erklären, warum Sie beispielsweise vom Tennis spielen überzeugt sind. Wenn Sie dabei Emotionen (Engagement) transportieren, die mit Fakten (Vorzügen) gekoppelt sind, und dabei auch noch entspannt (kein Auftrag im Kopf) und spielerisch von Beispielen (Transparenz) berichten, kann Ihr Gegenüber zumindest nachvollziehen, warum Sie Tennis spielen; vielleicht probiert er es in Kürze sogar selbst aus. Versuchen Sie diesen Ansatz ins Geschäftsleben zu transportieren. Je gelöster und spielerischer Sie mit Ihrem Thema umgehen, desto erfolgreicher sind Sie!

- Demonstrieren Sie Einzigartigkeit. Was unterscheidet Sie von anderen?

- Untermauern Sie Ihre Argumente mit Sätzen wie „Die Erfahrung zeigt …" oder „Wir haben dies in vergleichbaren Situationen oder Projekten erfolgreich eingesetzt …".

- Versetzen Sie sich in die Lage Ihres Gesprächspartners: Sie kennen Ihre Produkte und Dienstleistungen. Aber Dinge, die Ihnen klar, logisch und verständlich erscheinen, können für Ihr Gegenüber böhmische Dörfer sein.

Körpersprache: Der erste Eindruck zählt

Kommunikationsexperten behaupten, dass es sich bereits in den ersten 49 Sekunden einer Begegnung entscheidet, ob Sie für Ihr Gegenüber interessant sind oder nicht. Dabei ist es, unabhängig von Ihrer inhaltlichen Botschaft, vor allem die nonverbale Kommunikation, die wahrgenommen wird. Keine menschliche Sprache ist so ehrlich wie unsere Körpersprache. Durch sie entscheiden wir in wenigen Sekunden alles – ohne ein Wort zu sagen.

Oft zitiert werden in diesem Zusammenhang die Studien des Psychologen Albert Mehrabian über die Wirkung von Mitteilungen in Bezug auf die Komponenten Inhalt, Stimme und Mimik. Seine sogenannte 7-38-55-Regel besagt: Wenn uns jemand eine Mitteilung macht, bei der Inhalt, Mimik und Stimme widersprüchlich sind, wird unser emotionales Empfinden eher der Mimik (55 Prozent) und der Stimme (38 Prozent) folgen, weniger dem Inhalt (7 Prozent). Auch wenn man daraus keine allgemeingültige Regel für die zwischenmenschliche Kommunikation ableiten sollte, unterstreicht das Resultat doch die allgemeine Bedeutung der Körpersprache.

Sowohl im Geschäfts- als auch im Privatleben ist es deshalb wichtig, Körperhaltung, Gestik und Mimik richtig einzusetzen und zu deuten. Hier einige klare Signale:

Ein Lächeln wirkt Wunder: Ihr Lächeln ist die einfachste mimische Geste – und zugleich die Garantie für eine positive, sympathische Ausstrahlung. Sie zeigen damit, dass Sie bereit zur Kontaktaufnahme sind, und vermitteln Ihrem Gegenüber Interesse und Wertschätzung. Wenn Sie im Gespräch gleichzeitig zustimmend Ihren Kopf bewegen, übermitteln Sie zudem, dass Sie zuhören.

Haben Sie den Mut, anderen in die Augen zu sehen, denn das Halten des Blickkontaktes ist ein weiterer Baustein für den Vertrauensaufbau. Senkt Ihr Gegenüber den Blick oder lässt ihn gar umherschweifen, vermittelt er den Eindruck von Unsicherheit oder Desinteresse.

Packen Sie zu: Einen kräftigen Händedruck (nicht die Schraubstockvariante!) empfinden wir als Ausdruck für einen festen Charakter und Selbstsicherheit. Ein offenes, direktes Hinstrecken der Hände mit der Möglichkeit, die ganze Hand zu ergreifen, zeugt von Offenheit.

Wenden Sie sich zu, öffnen Sie Ihre Körperhaltung: So signalisieren Sie, dass Sie an Ihrem Gegenüber auch wirklich interessiert sind. Verschränkte Arme wirken defensiv und verschlossen.

Der richtige Abstand: Wenn Sie sich etwas zu Ihrem Gesprächspartner beugen, zeigen Sie Interesse. Aber achten Sie auf den Mindestabstand: Bei weniger vertrauten Personen sollten Sie etwa eine Armlänge vom Gegenüber entfernt stehen.

Spiegeln Sie die Körpersprache: Harmonische Gespräche kann man unter anderem daran erkennen, dass die Gesprächspartner sich ähnlich bewegen. Übung für Fortgeschrittene: Wenn Sie behutsam die Körpersprache Ihres Gesprächspartners nachzuahmen verstehen, vermitteln Sie Sympathie und Harmonie, wodurch das Vertrauen Ihres Gegenübers wächst.

Der richtige Ton: Stimmen können eine magische Anziehungskraft ausüben, Emotionen wecken, in den Bann ziehen ... oder nerven beziehungsweise in den geistigen Tiefschlaf versetzen. Deshalb analysieren

Sie Ihre Stimme und Ihr Sprechverhalten und nutzen Sie Ihre Möglichkeiten. Machen Sie doch einmal folgenden Versuch: Schließen Sie die Augen und hören in der S-Bahn oder im Zug Ihren Mitreisenden beim Gespräch zu. Welche Atmosphäre oder Stimmungslagen, welche Emotionen können Sie ausmachen?

Aktives Zuhören ist ein Zeichen von Wertschätzung und Respekt. Deshalb bleiben aktive Zuhörer als kompetente und angenehme Gesprächspartner in Erinnerung. Also hören Sie bewusst zu, lachen Sie über Scherze und denken Sie mit. So vermitteln Sie dem anderen, dass Ihnen seine Meinung wichtig ist. Und noch etwas: Wiederholen Sie immer wieder einmal den Namen der anderen Person. Ihr Gegenüber fühlt sich dadurch in seiner Bedeutung bestärkt.

Der wichtigste Mensch steht Ihnen gegenüber: Kennen Sie das? Sie unterhalten sich mit jemandem, der Ihnen zwar zuhört, den Kontakt hält, aber ständig im Raum herumschaut, um die wichtigste Person in der Umgebung aufzuspüren. Das ist nicht nur unhöflich, sondern fast ein Affront, denn die wichtigste Person ist immer die, die Ihnen gerade gegenübersteht. Konzentrieren Sie sich auf Ihren aktuellen Gesprächspartner, schenken Sie ihm Ihre volle Aufmerksamkeit – egal, ob das Zwiegespräch zwei Minuten oder Stunden dauert.

Das bedeutet nicht, dass Sie auf Veranstaltungen nur an einem Gesprächspartner kleben sollen. Üben Sie, Gespräche elegant zu beenden, zum Beispiel, indem Sie darauf hinweisen, dass Sie Frau Müller gesehen haben, die eine dringende Frage hatte. Zeigen Sie, dass Ihnen an der Fortführung des Gesprächs gelegen ist, und bieten Sie eine separate Terminvereinbarung an.

Beispiele: Ich fand unser Gespräch so spannend, dass ich es bei nächster Gelegenheit gerne fortsetzen würde oder auf Punkt XY gerne näher eingehen möchte. Wann passt es Ihnen? Wie sieht Ihr Terminplan in nächster Zeit aus? Machen Sie einen Vorschlag, hier ist meine Karte oder schreiben Sie mir eine Mail. Ich freue mich auf die Fortführung unseres Gesprächs.

Alternativ: Ich bin in Kürze in der Nähe und würde das Gespräch gerne bei einer Tasse Kaffee fortsetzen. Mir fallen da einige Punkte ein, die Synergien zwischen unseren Unternehmen zeigen. Lassen Sie uns bald darüber sprechen. Rufen Sie kurz durch, wenn es Ihnen passt. Hier ist meine Karte.

Sollte der Gesprächspartner nicht so interessant für Sie sein: „Ich sehe dort gerade Herrn Bodenmüller, den ich dringend in einer Angelegenheit sprechen muss. Es hat mich gefreut, Sie kennenzulernen. Melden Sie sich doch ruhig, wenn Sie in der Gegend sind."

Verbindlichkeit: Halten Sie Wort

Werthaltige Geschäftsbeziehungen leben von Verbindlichkeit. Stellen Sie sich vor, Sie haben einen neuen Kontakt im Erstgespräch überzeugt, so dass ein Folgetermin geplant ist. Vielleicht haben Sie auch ein Versprechen gemacht: „Ich schicke Ihnen die Kontaktdaten meines Kollegen, der Ihnen in dieser Angelegenheit weiterhelfen kann." Damit haben Sie Erwartungen geweckt, die Sie unbedingt erfüllen sollten, um Ihren positiven ersten Eindruck zu erhalten. Auf der anderen Seite erwarten Sie ja auch eine Rückmeldung von ihm, ob er mit Ihrem Kontakt gesprochen hat und welche Konsequenzen dies für seine Situation hatte.

Wichtig!

Halten Sie grundsätzlich Versprechen ein und bedanken Sie sich, wenn andere umgekehrt ihre Versprechen einhalten. Gerade bei neuen Kontakten werden Sie an Ihren Zusagen und deren Einhaltung gemessen. Sie zeigen dadurch, wie Sie es mit den Werten Vertrauenswürdigkeit und Verbindlichkeit halten.

Eine Hand wäscht die andere

Sie möchten, dass jemand etwas für Sie tut? Dann fangen Sie doch einfach an, etwas für ihn zu tun. In der Psychologie nennt man den Mechanismus, dem Sie damit folgen, Reziprozitätsregel – eines der wirkungsvollsten Instrumente zur Beeinflussung anderer Menschen. Robert B. Cialdini, Psychologe und Autor von „Die Psychologie des Überzeugens", meint dazu: „Die Reziprozitätsregel schreibt vor, dass wir uns für Gefälligkeiten, Geschenke, Einladungen und dergleichen zu revanchieren haben."[11]

Dabei ist die Macht der Verpflichtung laut Cialdini sehr stark:

1. Die Regel kann im Extremfall sogar den Einfluss anderer Faktoren ausschalten.

2. Wir bestimmen nicht selbst, wem wir etwas schulden. Wenn uns jemand Ungebetenes entgegenkommt, fühlen wir uns ihm genauso verpflichtet.

3. Oft kommt es sogar dazu, dass die Verhältnismäßigkeit nicht gegeben ist. Wir erhalten eine Zuwendung und geben in übergebührlichem Maße zurück.

Damit hier kein falscher Eindruck entsteht: Es geht mir hier nicht um einseitige Manipulation, vielmehr um das Schaffen einer kooperativen Atmosphäre, zum gegenseitigen Nutzen. Und denken Sie daran: Es sind oft die kleinen Gesten, die in Erinnerung bleiben, zum Beispiel eine besonders originelle Geburtstagsgratulation, ein ungewöhnliches Präsent zum Firmenjubiläum oder ein interessanter Kontakt.

COACHING-CHECKLISTE
Wie steht es um Ihre soziale Kompetenz?

⊃ Zu welchem Persönlichkeitstyp zählen Sie sich (rot, blau oder grün)?

⊃ Fällt es Ihnen leicht, mit fremden Personen ein Gespräch zu beginnen?

⊃ Bezeichnen Sie sich als aktiven Zuhörer?

⊃ Fühlen Sie sich in der Gegenwart von Menschen wohl?

⊃ Ist Ihnen bewusst, wie Sie auf andere Menschen wirken?

⊃ Neigen Sie dazu, Ihre Gesprächspartner zu unterbrechen?

⊃ Bezeichnen Sie andere Menschen als kontaktfreudig und kommunikativ?

⊃ Zählen Sie sich eher zur nehmenden Kategorie, oder sind Sie grundsätzlich bereit, in Vorleistung zu gehen?

⊃ Fühlen Sie sich wohl, wenn Ihnen jemand einen Gefallen getan hat?

⊃ Zählen Sie im privaten Kreis eher zu den Ratgebern?

⊃ Strahlen Sie Charisma aus – fallen Sie in einem Raum positiv auf?

⊃ Kann man sich auf das verlassen, was Sie zusagen?

4   Das Training:
Die persönliche Vermarktungsstrategie

Gute Kontakter leben die „Selbstvermarktung". Es geht um die best-
mögliche Betonung der eigenen Kompetenzen: Unterstreichen Sie Ihre
Einzigartigkeit, das, was Sie aus der Masse heraushebt. Nur so überzeugen Sie andere von sich und Ihren Vorzügen. Wenn nicht Sie Ihre
Stärken hervorheben, wer dann? Das gilt übrigens nicht nur im Berufsleben, sondern auch im privaten Bereich.

Am besten entwerfen Sie einen persönlichen Marketingplan, der alle
möglichen Maßnahmen enthält, die Ihre Person ins richtige Licht rücken und Ihr gewünschtes Profil schärfen. Hier einige Beispiele, in welche Richtung Ihre Profilierung gehen könnte:

- Sie zeichnen sich neben fachlicher Kompetenz durch Coaching-Ei-
genschaften aus und unterstützen Ihre Kollegen beim Optimieren
der Persönlichkeit.

- Oder Sie sind dafür bekannt, dass Sie die spannendsten Meetings
organisieren.

- Vielleicht stellen Sie in Konferenzen die provokantesten Fragen.

- Oder besitzen diplomatische Fähigkeiten und sind als Mediator gefragt.

Wie Sie sehen, sind die Bereiche, in denen Sie sich einen Namen machen können, unendlich groß. Sie müssen nur Ihre persönlichen Stärken erkennen, definieren und den Mut haben, sie auch zu kommunizieren.

Die Vorarbeit: Definieren Sie Ihre Position

„Positionierung ist nicht das, was man mit einem Produkt tut. Positionierung ist das, was man in den Köpfen der potentiellen Kunden an-
stellt"[12], konstatierten schon die beiden Marketingspezialisten Al Ries

und Jack Trout in ihrem Buch „Positioning – the battle for your mind". Das ist der Grund, warum Volvo als das „sicherste Auto" gilt und Porsche als der „beste Sportwagen der Welt"[13].

Ihre Positionierung ist Ihre persönliche Kommunikationsaufgabe, die einiges an Vorarbeit erfordert. Überlegen Sie sich genau, durch was Sie sich von Ihrer Konkurrenz unterscheiden, und lassen Sie diese Vorteile dann regelmäßig in Ihre Kommunikation einfließen. Sind Sie beispielsweise derjenige Dienstleister, der am schnellsten agiert, der am preiswertesten oder am exklusivsten ist, der rund um die Uhr zur Verfügung steht oder die ausgefallensten Möglichkeiten anbietet?

Ich trau mich nicht: Ihr Selbstsicherheitstraining

Gehören Sie zu denjenigen, die lieber das „Veilchen im Moose" spielen, dessen Vorzüge Ihr Gegenüber schon noch entdecken wird? Leider ist das der falsche Ansatz, wenn Sie erfolgreiches Kontaktmanagement betreiben möchten. Menschen, die Selbstsicherheit und Begeisterung ausstrahlen, sind als Gesprächspartner definitiv gefragter. Philip Kottler, Professor für internationales Marketing mit weltweitem Renommee, bringt es auf den Punkt: „Stellen Sie für Ihr Marketing nur Mitarbeiter ein, die Spaß am Leben haben. Andernfalls schicken Sie sie in die Buchhaltung."[14]

Wenn nicht die Buchhaltung Ihr Berufsziel ist: Hier ein paar Tipps und Tricks für ein selbstsicheres Auftreten, angelehnt an den Ansatz des Psychotherapeuten Herbert Mück.[15]

Stärken und Schwächen akzeptieren

1. Zunächst einmal: Werden Sie sich Ihrer Stärken und Schwächen bewusst. Kein Mensch ist perfekt, und auch die Schwächen sind Bestandteil Ihres Charakters.

2. Akzeptieren Sie Ihre Schwächen. Lernen Sie, damit umzugehen und auch einmal darüber zu lachen. Wenn Ihnen das nicht gelingt, werden Sie ständig bei anderen nach Anerkennung suchen.

3. Ganz wichtig: Blicken Sie auf Ihre Stärken. Führen Sie sich diese immer wieder ganz klar vor Augen. Was zeichnet Sie vor anderen

Menschen in Ihrem Bekanntenkreis aus? Worin sind Sie stark? Was können Sie gut? Erst das ausbalancierte Spannungsverhältnis zwischen Stärken und Schwächen macht eine starke Persönlichkeit und Souveränität aus.

Die anderen wahrnehmen

Achten Sie nicht andauernd auf sich selbst, sondern auf die Personen in Ihrer Umgebung. Registrieren Sie, wie diese Menschen auf Sie wirken und was sie bei Ihnen auslösen.

Welche Signale senden Sie aus und wie reagiert Ihre Umgebung?

Lächeln Sie Ihren Mitfahrern in der U-Bahn oder im Bus doch einfach einmal zu. Wie reagiert eine Ihnen unbekannte Person, wenn Sie auf sie zugehen?

Keine Angst vor Menschen

Suchen Sie Lokalitäten auf, in denen sich viele Menschen aufhalten, zum Beispiel öffentliche Verkehrsmittel, Geschäfte, Lokale, Theater. Fragen Sie in vollen Restaurants, ob Sie sich zu anderen an den Tisch setzen dürfen. Besuchen Sie Kurse, in denen Sie sich mit anderen austauschen. Treten Sie Vereinen bei, in denen Sie keinen Menschen kennen.

Gehen Sie drauf los: Sprechen Sie andere an

Fragen Sie Fremde auf der Straße nach einer Adresse, bitten Sie darum, Kleingeld für Bus oder Telefon zu wechseln. Tippen Sie einem unbekannten Menschen auf die Schulter und fragen Sie, ob es sein kann, dass Sie sich bereits kennen. Seien Sie einfach mal unverschämt im Geschäft und lassen Sie sich zehn Paar Schuhe zeigen, die sie alle anprobieren, aber letztlich keines davon kaufen. Seien Sie überraschend charmant: Machen Sie anderen unaufgefordert Komplimente.

Stellen Sie sich in den Mittelpunkt

Lassen Sie im Restaurant auffällig etwas fallen. Rufen Sie in der Öffentlichkeit einem entfernt stehenden Bekannten etwas zu. Tragen Sie Kleidungsstücke, die Aufsehen erregen. Drängeln Sie mal in Warteschlangen. Summen Sie doch mal laut ein Lied auf der Straße.

Üben Sie Fordern und Grenzensetzen

Wann hatten Sie Ihre letzte Gehaltserhöhung? Bitten Sie um ein Gespräch mit Ihrem Chef. Helfen Sie jemandem, den Sie nicht kennen. Fragen Sie nach Hilfe: Bitten Sie Bekannte darum, etwas für Sie zu erledigen. Sagen Sie dem Kellner im Restaurant, was Ihnen nicht geschmeckt hat. Tauschen Sie fehlerhafte Ware um. Bestehen Sie darauf, den Vorgesetzten zu sprechen, wenn ein Angestellter unwillig wirkt.

Lernen Sie, nein zu sagen

Wenn Sie Gäste haben, die nicht gehen wollen, weisen Sie darauf hin, dass Sie schon zu Bett gehen, weil Sie morgen früh aufstehen müssen. Wenn Ihr Kollege Sie immer dann nach Unterstützung fragt, wenn er seine Zeit falsch eingeteilt hat, sagen Sie mal nein. Weisen Sie telefonierende Mitreisende im Ruheabteil in der Bahn darauf hin, dass Telefonieren dort untersagt ist.

Riskieren Sie auch mal Kritik

Gewinnen Sie Spaß daran, in Geschäften um den Preis zu feilschen. Wenn Ihnen jemand negativ entgegentritt, versuchen sie trotzdem, mit ihm ins Gespräch zu kommen.

Klarheit in Ihrer Wortwahl

Benutzen Sie das Wort „ich" statt „man" oder „wir". Verzichten Sie auf indirekte Redewendungen, auch auf Höflichkeitskonjunktive wie „würde" und „könnte".

Wenn Sie einige dieser Anregungen regelmäßig in der Praxis umsetzen, fällt Ihnen selbstbewusstes Auftreten, auch gegenüber Unbekannten, sicher schnell leichter. Meine Erfahrung zeigt, dass Menschen, die den einen oder anderen Ratschlag regelmäßig beherzigen, in kurzer Zeit selbstbewusster und sicherer mit anderen Menschen umgehen.

Jetzt kann es losgehen: Der Trick mit dem Pitch

Stellen Sie sich vor, Sie haben Ihr Selbstbewusstsein gestählt, Ihre persönliche Positionierung gefunden, gerade einen neuen Kontakt angesprochen, und nach entspanntem Smalltalk kommt die Frage auf Sie zu: „Was machen Sie beruflich?" Jetzt ist Ihr Elevator Pitch gefragt! Was heißt das?

Elevator bedeutet „Aufzug", Pitch bedeutet „Vorstellung" – kurz gesagt: Es handelt sich im Wesentlichen um die verbale Kurzdarstellung Ihres Businessplans, die ungefähr so lang dauern darf wie eine Aufzugfahrt. Sie haben ein kleines Zeitfenster, um Ihre Persönlichkeit und Ihre Stärken ins rechte Licht zu rücken – knackig, augenzwinkernd und originell. Ziel ist, sich so interessant zu machen, dass es zu einem Folgetermin kommt.

Der Einstieg muss sitzen: Der Elevator Pitch

Bereiten Sie Ihren Elevator Pitch genauso gründlich vor wie Ihren eigenen Businessplan oder Ihre Bewerbung. Folgende Punkte sollten Sie dabei berücksichtigen:

- Formulieren Sie eine Kernaussage, die klar übermittelt, was Sie tun. Diese sollte spannend, aber kein Werbetext sein.

- Sprechen Sie Ihr Gegenüber direkt an und setzen Sie Ihre Körpersprache gezielt ein.

- Visualisieren Sie, wenn möglich, vielleicht anhand eines Beispiels.

- Wenn genug Zeit bleibt: Stellen Sie Fragen.

- Und denken Sie daran: Begeisterung wirkt ansteckend.

- Sprechen Sie am Schluss die Einladung zu einem Gespräch und Ihr Anliegen konkret aus.

Auch wenn Ihnen die Liste komplex erscheint: „In der Kürze steckt die Würze!"

Üben Sie Ihre kurze und prägnante Selbstdarstellung – gerne mit Schmunzeleffekt – im Vorfeld im privaten Bekanntenkreis. Lassen Sie sich bewerten. Je mehr Fragen gestellt werden und je mehr Sie Ihre Freunde begeistern, desto schneller wird es Ihnen im Ernstfall gelingen, ein fremdes Gegenüber zu überzeugen.

Mein eigener Elevator Pitch

Ich öffne Ihnen die Tür zu den Personen, zu denen Sie Kontakt haben möchten. Als Marketingexpertin habe ich Unternehmen, Produkte und Personen erfolgreich vermarktet und festgestellt, dass viele Unternehmer und Manager die Königsdisziplin – die hohe Schule des Kontaktmanagements – nicht beherrschen. Daher trainiere und begleite ich als Coach Personen, denen das Selbstmarketing nicht liegt. Ist Ihr Kontaktmanagement ausgereift und effizient auf Ihr Weiterkommen ausgerichtet? Gibt es für Sie ebenfalls Personen, die Sie immer mal kennenlernen wollten und zu denen Sie aus welchen Gründen auch immer keinen Zugang erhielten?

Ihr großer Auftritt: Die Pause

Bei einer Veranstaltung ist es besonders wichtig, die Zeiten zwischen den Vorträgen oder Diskussionen zu nutzen. Hier haben Sie die Gelegenheit, die anderen Teilnehmer oder die Referenten ungezwungen anzusprechen. Verbringen Sie Pausen also nicht mit Telefonieren, sondern stürzen Sie sich je nach Gelegenheit oder Zielperson an die Kaffeebar, ans Mittagsbüfett oder auch in die Raucherecke – und plaudern Sie. Überall treffen Sie auf spannende Personen, die darauf warten, dass Sie den ersten Schritt machen.

Ein Beispiel: Fädeln Sie sich geschickt so in die Essensschlange ein, dass Ihre Zielperson vor oder hinter Ihnen zum Stehen kommt. So können Sie ganz nebenbei ins Gespräch über alltägliche Dinge kommen. Später trifft man sich dann als „bereits Bekannte" wieder.

Was Sie nicht tun sollten

Prominente Redner werden oft regelrecht belagert, deshalb denken Sie auch an Ihre Chance in der „zweiten Reihe". Da sind die Personen, die sich Zeit nehmen können für ein anregendes Gespräch mit Ihnen. Denken Sie an Ihre eigenen Erfahrungen: Weder ein Austausch von Visitenkarten noch ein kurzer Händedruck bleiben in Erinnerung – gute Gespräche dagegen schon.

Nutzen Sie Veranstaltungen auf jeden Fall zum Kontakten – und verkriechen Sie sich nicht in der letzten Reihe, damit Sie bloß nicht angesprochen werden. Ihr Ziel muss sein: Sammeln Sie so viele Nachfolgetermine wie möglich.

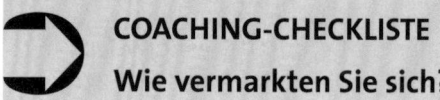

COACHING-CHECKLISTE
Wie vermarkten Sie sich?

⊃ Gehören Sie zu den Menschen, die stolz auf sich sind und auf das, was Sie schon alles geleistet haben? Oder gehören Sie eher zu denen, die andere immer besser finden?

⊃ Nennen Sie drei Ihrer Leistungen, auf die Sie besonders stolz sind.

⊃ Nennen Sie drei Personen aus Ihrem Bekanntenkreis, mit denen Sie tauschen möchten – und warum.

⊃ Sprechen Sie gerne über das, was Sie erreicht haben? Und was erzählen Sie dann?

⊃ Bezeichnen Sie sich als selbstsicher? Nennen Sie drei Gründe, warum oder warum nicht.

⊃ Was wäre, wenn ich Sie jetzt ansprechen würde und wissen wollte, was Sie beruflich machen? Mit welchem Elevator Pitch könnten Sie mich begeistern?

⊃ Was ist Ihr Lieblingsthema beim Einstieg durch Smalltalk?

⊃ Welches sind Ihre Fragen, um Gemeinsamkeiten mit Ihrem Gesprächspartner zu finden?

⊃ Wie haben Sie auf der letzten Veranstaltung die Pausen verbracht?

5 Das Warm-up:

Die Netzwerkanalyse

Erfolgreiches Kontaktmanagement beginnt mit einer strategischen Netzwerkanalyse. Systematisieren Sie Ihre Kontakte und entscheiden Sie, welche Kontakte wertvoll, welche ausbaufähig oder gar zu streichen sind. Um dies zu beurteilen, ist zunächst die zentrale Frage zu klären: Was will ich mit meinen Kontakten erreichen?

Zielen: So treffen Sie ins Schwarze

Wen will und wen muss ich kennenlernen, um beruflich erfolgreicher zu sein? Die Antworten auf diese Frage können sehr unterschiedlich ausfallen, je nachdem, ob Sie die nächste Karrierestufe erreichen, sich selbständig machen oder politisches Lobbying betreiben möchten.

Nur wer seine Ziele kennt, kann darauf hinarbeiten. Ganz wichtig ist es dabei, die Zieldefinition schriftlich niederzulegen. Sie bildet die Basis für Ihre ganz persönliche Strategie. Ich persönlich formuliere zu Beginn jedes Jahres meine wichtigsten Ziele in schriftlicher Form und verinnerliche sie mir regelmäßig. Erst dadurch werden sie manifestiert. Es ist wie eine Art Vertrag, den ich mit mir selbst schließe.

Ziele sind Träume mit festgelegter Frist

Kennen Sie einen Architekten, der ein Haus ohne Plan baut? Zunächst entstehen die Idee und die Konstruktion vor seinem geistigen Auge. Er hat eine Vision, feilt daran und setzt sie dann um. Nur weil er das Haus bauen will, hat er noch lange keinen Plan. Sie motivieren sich selbst und programmieren Ihren Geist auf die Vollendung Ihrer Pläne durch das exakte Ausformulieren dieser Ziele.

Ziele im Kontaktmanagement könnten sein:

- Ich lerne heute Abend zwei bedeutende Kontakte kennen, die mir beruflich den Weg ins nächste Projekt bereiten.

Oder:

- Auf der heutigen Veranstaltung lerne ich endlich Herrn Müller persönlich kennen, mit dem ich schon so oft ein Gespräch führen wollte (falls er auf der Gästeliste steht).

Wer sein Ziel spezifisch definiert, erkennt auch die Wege, die zurückzulegen sind. Unterteilen Sie Ihren Gesamtplan in Etappenziele und beginnen Sie umgehend mit der Umsetzung. Große Visionen lassen sich ohne messbare Teilziele nicht erreichen. Sie zeigen Ihnen, was Sie bereits erreicht haben, und motivieren Sie auf dem Weg zum Gesamtziel.

Das Zünglein an der Waage: Ihre mentale Einstellung

Versetzen Sie sich einmal in folgende Situation:

Ein großer Automobilhersteller konstruiert ein neues Modell. Eine Vielzahl von Experten arbeitet an der Entwicklung, Planung und Optimierung. In der Testphase werden unterschiedlichste Probleme ausgeräumt, teilweise unter Zeitdruck, denn der Markteinführungstermin steht fest. Und während der ganzen Zeit des Miteinanderkonstruierens und -arbeitens zweifelt keiner wirklich an der Realisierung des Projektes; alle glauben an die erfolgreiche Lancierung des Produktes, obwohl es dafür nie eine Garantie geben kann.

Mit diesem Beispiel will ich Sie dafür sensibilisieren, wie wichtig der Glaube an Ihre Pläne ist. Wenn Sie sich Ihre Ziele nur formal vorsagen, ohne von der Realisierbarkeit überzeugt zu sein, ist das Scheitern programmiert.

Wie Sie sich selbst überzeugen können? Stellen Sie sich von Anfang an vor, wie es sich anfühlt, wenn Sie Ihr Ziel erreicht haben. Vergegenwärtigen Sie sich immer wieder möglichst detailliert das Finale – zum Beispiel den Schlussapplaus nach Ihrem mitreißenden Vortrag. Das regelmäßige Durchleben und Feinjustieren bringt Sie Ihrem Ziel stetig ein Stück näher: Der Körper folgt dem Geist, heißt es im asiatischen Kulturraum.

Solche sogenannten Affirmationen bringen Sie dem Erreichen Ihres jeweiligen Ziels näher, denn sie helfen Ihnen dabei, Ihr Ziel im Auge zu behalten und Ihr Unterbewusstsein dazu zu bringen, sie auf dem Weg zu unterstützen.

Übertragen auf den Bereich „Kontaktmanagement" bedeutet dies: Wenn Sie erfolgreicher kontakten oder bestimmte Leute kennenlernen möchten, sehen Sie sich vor dem geistigen Auge bereits im Gespräch mit diesen Menschen. Sagen Sie sich: Ich habe ein großes funktionierendes Netzwerk, viele Menschen kennen und schätzen mich und meinen Rat.

Sehen Sie sich bereits mit Ihren Zielpersonen in direkter Unterhaltung. Geschätzt und anerkannt.

Positive Formulierung

Stellen Sie sich jetzt bitte *nicht* einen gelben Hasen vor! Was passiert? Genau. Sie denken an den gelben Hasen. Ein Beispiel dafür, wie Ihr Gehirn funktioniert. Was heißt das für unsere Zielformulierung?

Keine negativen Formulierungen benutzen, wie zum Beispiel: Ich darf auf **keinen Fall** nach der Veranstaltung **nur** mir bekannten Personen die Hand schütteln.

Hier noch ein Beispiel für eine positive Zielformulierung:

Ich lerne bei der Veranstaltung heute Abend mindestens fünf interessante Persönlichkeiten kennen, die mir im laufenden Jahr zu drei erfolgreichen Geschäften verhelfen.

S.M.A.R.T.: Zielsetzung mit System

Eine sehr einfache Leitlinie für die erfolgreiche Zieldefinition beinhaltet die S.M.A.R.T.-Regel, die einige von Ihnen sicherlich bereits kennen.

Es handelt sich hierbei um ein System, mit dessen Hilfe man die eigenen Ziele intelligent und strukturiert formulieren kann. Wie viele andere praktische Helfer aus diesem Bereich kommt S.M.A.R.T. aus den USA und steht für:

Specific, **M**easureable, **A**chievable (oder Attainable), **R**elevant (oder Realistic), **T**ime phased (oder Timely)

Ob mehr Erfolg im Beruf, weniger Zigaretten für die Gesundheit oder eine bessere Figur, damit die gewünschte Kleidergröße passt – die fünf S.M.A.R.T.-Kriterien lassen sich für Ziele in jedem Lebensbereich anwenden.

1. Spezifisch (Specific)

Ziele unterscheiden sich von Wünschen durch die Konkretisierung und die Messbarkeit. Ist das Ziel auch wirklich eindeutig für Sie und widerspruchsfrei? Nur wenn das Ziel Ihrem Einfluss zuzuordnen ist, können Sie Erfolg haben.

> Ich besuche heute auf der Messe den Stand von Frau Schmidt und stelle ihr meinen Kollegen vor, der eine passende Besetzung für die freie Stelle in ihrer Abteilung wäre.

2. Messbarkeit (Measureable)

Ziele müssen messbar sein. „Ich erreiche eine zehnprozentige Umsatzsteigerung" ist konkreter als „ich mache mehr Umsatz".

Machen Sie Ihre Ziele schon bei der Formulierung messbar. In Zukunft gibt es kein „mehr", „weniger", „schlechter" oder „dünner". Was bedeutet „mehr", was genau „weniger"? Mehr Kontakte haben zu wollen, ist ein gutes Ziel, aber konkretisieren Sie es. Und „mehr Umsatz erreichen", was bedeutet das genau? 10.000 oder 100.000 Euro? Um wirklich zielgerichtet vorzugehen, müssen Sie solche Fakten für sich selbst im Vorfeld klären.

> Ich mache ab sofort auf jeder Veranstaltung zwei neue Kontakte und erreiche dadurch 20.000 Euro mehr Umsatz.

3. Attraktiv/anspruchsvoll (Achievable/Attainable)

Ist Ihr Ziel für Sie persönlich attraktiv? Lohnt es sich für Sie, dafür zu kämpfen? Nur wenn Ziele für Sie erstrebenswert sind, werden Sie sich dafür „ins Zeug legen".

> Ich lerne morgen Abend drei spannende Personen kennen, denen ich mein Buch vorstelle. Das ermöglicht mir, in Kürze zwei Vorträge in Unternehmen zum Thema zu halten und die Teams von meiner Vorgehensweise zu begeistern.

4. Realistisch (Relevant/Realistic)

Setzen Sie sich Ziele, die vernünftig sind. Das heißt nicht, Herausforderungen zu vermeiden, sondern die eigenen Möglichkeiten richtig einzuschätzen. Sollten Sie sich ein großes Ziel setzen, unterteilen Sie es in kleinere Zwischenetappen. Ziele, die unrealistisch sind, behindern Ihre Weiterentwicklung und demotivieren.

„Ich lerne im nächsten halben Jahr den US-Präsidenten Barack Obama kennen", ist ein eher unrealistisches Ziel. Außer, Sie sind in der Politik in entsprechender Position tätig, zum Beispiel als Mitglied einer Wirtschaftsdelegation, die demnächst nach Washington reisen wird.

5. Terminiert (Time phased/Timely)

Die Terminierung ist ein wichtiger Faktor in der Zielsetzung – ohne sie werden gern alle möglichen Zwischenfälle und Stolpersteine genutzt, um schwierigere Dinge auf den Sankt Nimmerleinstag zu verschieben.

Ich rufe am Montag Herrn Freu-mich-auf-den-Anruf an und lege einen Nachfolgegesprächstermin fest, bei dem wir über eine mögliche Kooperation sprechen.

Netzwerkanalyse konkret

Mit Ihren Zielen im Hinterkopf nehmen Sie im nächsten Schritt Ihr bestehendes Netzwerk unter die Lupe.

Listen Sie hierfür die Namen und Adressen aller Ihnen bekannten Leute auf und schätzen Sie sie hinsichtlich der Netzwerkmöglichkeiten ein. Eine Excel-Liste kann Ihnen diese zeitintensive Arbeit sehr erleichtern. Ich persönlich clustere meine Liste in Bereiche wie Business, Hobby, privat oder Familie. Alle Menschen, die Sie kennen und die Ihnen wichtig für den jeweiligen Bereich erscheinen, werden dort eingetragen.

Im nächsten Schritt ergänzen Sie die bereits erstellte Liste um eine weitere Spalte, in die Sie eintragen, durch wen Sie die jeweilige Person kennengelernt haben.

Personen, die Sie häufig in dieser Spalte wiederfinden, sind wichtige „Makler" oder auch „Multiplikatoren", die Sie offensichtlich mit anderen persönlichen Netzwerken in Kontakt bringen und damit Ihr Netzwerk aufwerten. Gleichzeitig können Sie an der zweiten Spalte erkennen, wie Ihr persönliches Netzwerk aufgebaut ist. Wenn Sie bei mehr als 60 Prozent Ihrer Kontakte als eigener „Makler" auftauchen, ist Ihr Netzwerk – wie übrigens die meisten Netzwerke – nach dem Prinzip der Selbstähnlichkeit aufgebaut. Darüber sollten Sie nachdenken, denn: Karriereförderlich sind Beziehungsgeflechte vor allem dann, wenn die Personen nicht aus demselben privaten beziehungsweise beruflichen Umfeld oder Interessenbereich stammen.

Hier einige Anregungen, damit Sie niemanden vergessen:

- Prüfen Sie zuerst Ihr Visitenkartensortiment nach folgenden Kriterien: Kunde? Potentieller Kunde? Mittelfristig und langfristig interessant? Multiplikator?

- Ihre Outlook-Datenbank (ist in der Regel nicht identisch mit den Visitenkarten) liefert sicher ergänzende Adressen.

- Mit welchen Personen haben Sie beruflich im engeren und weiteren Umfeld Kontakt?

- Vergessen Sie nicht Adressbücher oder Terminkalender, die vielleicht noch Namen von früheren Bekannten beinhalten.

- Sie werden auch überrascht sein, welche Verbindungen sich aus dem privaten Bekannten-, Freundes- und Familienkreis ergeben.

- Sind die Dienstleister oder Händler, bei denen Sie Kunde sind, vielleicht mögliche Kontakter für Sie?

- Empfehlenswert ist das Einbeziehen der Vereine und Organisationen, in denen Sie Mitglied sind – aktiv oder passiv.

Tipp

Manchmal kann es auch Überraschungen beim Durchforsten von Fotoalben oder Tagebüchern geben.

So könnte Ihre Liste aussehen

Business	Unternehmen	wo kennengelernt	durch wen kennengelernt	Kontaktdaten	Funktion fürs Kontaktmanagement	Status	aktueller Status	next	Klassifizierung
Herr M. Huber	Fa. Gernegroß GmbH	Essen Frau Meier	Frau Meier	Tel.	Kunde, Multiplikator	gemeinsames Projekt Febr. 2010	Telefonat Jan. 2011	E-Mail oder Tel. Mai 2011	B
				E-Mail					
Herr P. Schmitz	Ultra GmbH & Co KG	Messe Stuttgart	persönliche Ansprache	Tel.	Kunde	Anfrage Vortrag	Angebot bis März	bei Vortrag näherer	A
				E-Mail				Kontakt zu einzelnen GF	
Privat									
Frau G. Perlis	Fa. Multiple GmbH	Party Hilde und Peter	Hilde und Peter	Tel.	sehr nettes Gespräch, Kollegin von Herrn Schmal, den ich für das Projekt Schwierig einsetzen könnte	einmal telefoniert Dez. 2011, hat viel zu tun	will sich im Febr. melden	Anfang März nachhören	A

Priorisieren bringt Zeitersparnis

Viele Networker sprechen, schreiben, mailen ihre gesammelten Kontakte regelmäßig ein oder zweimal jährlich an, um die Beziehung warmzuhalten. Das ist erstens aufwendig und zweitens wenig effektiv, da hier nach dem Gießkannenprinzip gearbeitet wird.

Zielführender ist es, wenn Sie vor allem Ihre geschäftlichen Kontakte priorisieren, zum Beispiel durch die Einteilung in die Kategorien A, B, C und D. Ich persönlich bevorzuge Farben für die Priorisierung, wobei ich Rot für meine High Potentials verwende. Eine weitere Differenzierungsmöglichkeit sind Icons oder Symbole.

Am betreuungsintensivsten sind die sogenannten A-Kontakte. Dazu zählen wichtige vorhandene und potentielle Kunden, Multiplikatoren sowie Kooperationspartner.

Methodik des Priorisierens

Legen Sie fest, wie häufig Sie Ihre **A-Kontakte** kontaktieren. Sie können sich beispielsweise vornehmen, spätestens nach jeweils drei Monaten einen Kontakt aktiv aufzufrischen.

Nicht ganz so betreuungsintensiv sind die **B-Kontakte**. Es handelt sich dabei beispielsweise um Kunden, mit denen Sie weniger Umsatz erzielen. Nehmen Sie sich bei dieser Gruppe vor, nur selten ohne konkreten Anlass auf sie zuzugehen, zum Beispiel einmal im Jahr.

Bei **C-Kontakten** ist die Zusammenarbeit aktuell eher unwahrscheinlich, es kann sich bei Mitgliedern dieser Kategorie jedoch um wichtige Multiplikatoren handeln.

D-Kontakte sind diejenigen, die Sie nicht zwingend vertiefen möchten. Am besten setzen Sie sich hier ein Zeitlimit für eine Löschung, sollte sich nicht vorher ein interessanter Aspekt ergeben. Ein „Ausmisten" sollte regelmäßig erfolgen, denn es fördert die Effizienz Ihres Kontaktens wesentlich.

Prüfen Sie nun, welche Kontakte aus Ihrem Netzwerk Sie darin unterstützen können, Ihr selbst gestecktes Ziel zu erreichen. Im Anschluss ist es für Sie strategisch vor allem wichtig zu wissen, wer Ihnen zum Erreichen dieses Ziels noch fehlt: „Wen kenne ich nicht, der mir helfen könnte? Wen kennen meine Kontaktpersonen, der mich weiterbringen kann?"

Der nächste Gedanke: Mit welchem Thema beziehungsweise mit welchem Aufhänger kann ich bei diesen Zielpersonen garantiert einen Treffer landen? Je spannender der Aufhänger, desto einfacher fällt es Ihrem Kontakt, Sie anderen Menschen vorzustellen. Dabei sollten Sie alle bisherigen Regeln von der Begeisterung im Erstgespräch bis hin zur Vorleistung beherzigen. Und nicht ungeduldig werden! Es kann manchmal Monate dauern, bis Sie der richtigen Person erstmalig vorgestellt werden.

Exkurs: Türöffner suchen – Torhüter überwinden

Türöffner sind Personen, die Ihnen den Zugang zu den Personen, die Sie kennenlernen möchten, verschaffen können. Oft ist es in größeren Unternehmen nämlich nicht möglich, direkt mit der gewünschten Person in Kontakt zu treten.

Hier hilft es, sich im engeren Dunstkreis der Zielperson umzusehen und zu prüfen, wer über einen entsprechenden Zugang zu dieser Zielperson verfügt. Häufig führt der Weg über die Sekretärin oder die persönliche Assistentin. Hier ist Ihr Einfallsreichtum gefragt – und Kommunikationsgeschick.

Je nach Branche, Position und individuellen Unternehmensgepflogenheiten kann es nach meiner Erfahrung ein Jahr und so einige Telefonate mit dem Vorzimmer dauern, bis der gewünschte Termin vereinbart ist. Zwischenzeitlich kennt mich die Dame oder der Kollege bereits mit Namen, und ich bin manchmal schon mit familiären Einzelheiten vertraut.

Diese „Torhüter", wie ich sie im Titel genannt habe, sind sehr wertvoll für uns, denn sie haben einen genauen Einblick in den Tagesablauf der Zielperson und wissen, wann sie den Kontakt für uns herstellen können. Machen Sie die „Torhüter" zu Ihren Türöffnern, zu Ihren Partnern oder Verbündeten. Bringen Sie diesen Personen die gleiche Wertschätzung wie Ihrem Zielkontakt entgegen. Denken Sie an die alte Managerweisheit: „Behandle den Pförtner in einem Unternehmen genauso wie den Vorstand; du weißt nicht, welche Position er morgen innehaben wird."

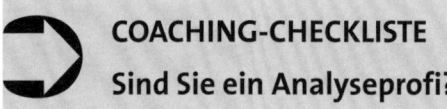

COACHING-CHECKLISTE
Sind Sie ein Analyseprofi?

➲ Setzen Sie sich realistische Zielvorgaben?

➲ Gehören Sie zu den Menschen, die eher durch Zieldefinitionen motiviert sind?

➲ Wissen Sie, über wie viele A-Kontakte Ihr Netzwerk verfügt?

➲ Kennen Sie die Multiplikatoren aus Ihrem Netzwerk?

➲ Besuchen Sie immer die gleichen Veranstaltungen (Messen etc.) oder auch schon mal branchenuntypische?

➲ Wurden die von Ihnen gesetzten Ziele Ihrer letzten Veranstaltung erreicht? Wenn nein, was waren die Gründe dafür?

➲ Haben Sie schon mal eine Netzwerkanalyse für sich selbst durchgeführt? Was war das Ergebnis?

➲ Wie regelmäßig misten Sie Ihr Netzwerk aus?

6 Ab in die Praxis:
Vorgehen mit System

Ein neuer Kontakt ist umso erfolgversprechender, je mehr gemeinsame Schnittstellen oder Synergien Sie im Erstgespräch entdecken. Hier ist detektivische Vorarbeit gefragt.

Wie erkenne ich den wertvollen Kontakt?

Schon bei der Vorbereitung auf Veranstaltungen oder erste Begegnungen entwickeln Sie ein Gefühl dafür, wer und aus welchem Grund für Sie kurz-, mittel- oder langfristig ein wichtiger Kontakt oder Multiplikator werden kann. Sie sind umso erfolgreicher bei der Kontaktanbahnung und auch bei Folgegesprächen, je mehr Informationen Sie über Ihre Zielperson besitzen.

Ob es Nachfolgetermine gibt, hängt davon ab, wie interessant Sie selbst für den Gesprächspartner sind, das heißt, für wie wertvoll er den Kontakt zu Ihnen hält, welchen Nutzen er sich davon erhofft. Können Sie ihm in einer Angelegenheit weiterhelfen? Kennen Sie eine entscheidende Person, die für ihn wichtig ist? Vielleicht kommt zwischen Ihrem Gesprächspartner und einer Person aus Ihrem Netzwerk eine Kooperation zustande? Das kann nur gelingen, wenn Sie zuvor Ihre Hausaufgaben gemacht haben.

Praxistipps

Suchen Sie vor einer großen Veranstaltung die Schlüsselpersonen heraus, die Ihnen weiterhelfen können – weil diese nicht nur einen Vortrag halten oder als Redner gebucht sind, sondern an diesem Tag auch mit vielen anderen für Sie wichtigen Multiplikatoren sprechen werden.

Wenn Sie früh genug – vielleicht schon beim Frühstück im Tagungshotel – ansetzen können, sind Sie klar im Vorteil. Sie können sich bekannt machen, mit lockerem Smalltalk starten, und vielleicht ergibt sich bereits die Gelegenheit zur Anwendung Ihres Elevator Pitches.

Und wenn Sie sich im Vorfeld ausgiebig informiert haben, sollte es Ihnen gelingen, schon eine erste interessante Idee zu platzieren, die auf eine Kooperation mit Ihrem Gesprächspartner abzielt.

Gezielte Vorbereitung für Veranstaltungen

Kleine Feinheit: Der Sie-Standpunkt

Sowohl für eine gelungene Gesprächseröffnung als auch für den weiteren Dialog gilt: Berücksichtigen Sie in Ihren Fragen und Aussagen immer den Sie-Standpunkt und streichen Sie die Worte „wir", „uns" und „mein" aus Ihrem aktuellen Wortschatz. Formulieren Sie vorwiegend Sätze, in denen Ihr Gegenüber grammatikalisch im Mittelpunkt steht, zum Beispiel:

- Wo drückt **Sie** der Schuh?
- Kann ich **Ihnen** Hilfestellung leisten?
- Benötigen **Sie** noch weitere Informationen?
- Sind **Sie** in ähnlicher Position?
- Können **Sie** diese These nachvollziehen?
- Wie ist es bei **Ihnen** gelaufen?

Der Hintergrund: Während eines Gesprächs stellt sich Ihr Gesprächspartner unbewusst folgende Fragen:

- Was habe ich davon, wenn ich einem Termin zustimme?

- Weshalb sollte ich mir Zeit nehmen, ein persönliches Gespräch zu führen?

- Was bringt es mir, wenn ich mich mit diesem Angebot auseinandersetze?

Durch den Sie-Standpunkt vermitteln Sie Ihrem Gesprächspartner das Gefühl, dass er bei Ihnen im Mittelpunkt steht. Dies stärkt Ihre Argumentationskraft und Ihre Position – und weckt überdies Sympathien, denn wer schätzt es nicht, im Zentrum des Interesses zu stehen.

Lernen von Sherlock Holmes

Worauf beruht Sherlock Holmes' Erfolg? Der berühmte fiktive Detektiv ist in seinen Fallgeschichten so erfolgreich, weil er mit einer neuartigen forensischen Methode arbeitet, die ausschließlich auf detailgenauer Beobachtung und nüchterner Schlussfolgerung beruht. Er gilt bis heute als Symbol erfolgreichen analytisch-rationalen Denkens und als Vorbild aller Privatdetektive. Und auch angehende Kontaktmanagementprofis können sich bei der Recherche von ihm inspirieren lassen.

Hier Ihre einzelnen Rechercheschritte:

- Sie definieren Ihre Zielperson(en).

- Sie suchen nach Kontaktpunkten, an denen Sie diese Person(en) sicher oder unter Umständen antreffen können.

- Sie recherchieren alle Informationen rund um die Person(en), die Sie finden können.

Beispiel: Die Veranstaltung einer bekannten Hochschule wartet mit namhaften Referenten auf; ein entsprechend hochkarätiges Publikum ist geladen. Recherchieren Sie im Vorfeld, mit wem ein Businessgespräch sinnvoll ist. Informieren Sie sich über diese Personen, versuchen Sie, an eine Vita heranzukommen, sammeln Sie wichtige, eventuell auch private Informationen. Mögliche Quellen: private und geschäftliche Kontakte der Personen, das Internet, das eigene Netzwerk, vielleicht ein Telefonat mit seiner/ihrer Sekretärin, Presseartikel ... Seien Sie kreativ, arbeiten Sie detailgenau und folgern Sie logisch – wie Sherlock Holmes.

Praxistipps

- Ein genaues Studium der Tagesordnung der Veranstaltung zeigt, mit welchen Themen Sie mit den herausgefilterten Personen ins Gespräch kommen können.

- Suchen Sie nach Ansatzpunkten und Schnittstellen, die der Person plausibel machen, weshalb Sie sich mit ihr unterhalten möchten.

- Bedenken Sie dabei vor allem, was für den Gesprächspartner interessant sein könnte. Nur so wecken Sie sein Interesse und damit die Chance auf einen weiteren Termin.

- Nicht vergessen: Seien Sie sich Ihrer Persönlichkeit bewusst und Ihrer Sache sicher. Glauben Sie an Ihre Fähigkeiten!

Gesprächseröffnung bei Nachfolgegesprächen

Für Nachfolgegespräche gilt wie für Erstgespräche – und wie für Schachspiele: Die Eröffnungsphase zählt. Versierte Kommunikationsprofis zeichnen sich dadurch aus, dass sie es schaffen, anfängliche Unsicherheiten leichthin wegzuplaudern.

Auch hier starten Sie entweder mit einem entspannten Smalltalk-Thema oder noch besser: Sie nehmen Bezug auf eines Ihrer letzten Gespräche. „Wie ist Ihre aktuelle Kundengewinnungskampagne gelaufen? Waren Sie zufrieden mit dem Ergebnis?" Oder nehmen Sie beispielsweise Bezug auf einen Fachartikel: „In der neuesten Ausgabe des Kontakters steht ein Artikel über die Bedeutung optimaler Kundenpflege. Wie gehen Sie mit diesem Thema um?"

Damit beweisen Sie nicht nur, dass Sie im Thema sind und sich weiterbilden, sondern geben Ihrem Gegenüber auch die Möglichkeit, sich darzustellen. In der entscheidenden Phase der Erläuterung können Sie sich dann selbst einklinken und Ihre Expertise darstellen.

Übrigens: Tricksen ist auch erlaubt. Kennen Sie den Pseudo-Beweis? Ein typisches Beispiel: „Ich höre immer wieder von erfolgreichen Managern aus Ihrer Branche, dass die Marge durch die Einführung der Kombination des Materialmix von Baumwolle und recyceltem Kunststoff größer ist. Sehen Sie das auch so?"

Auch bei Folgegesprächen gilt:
Die wichtigste Person ist Ihr Gegenüber!

Wir wissen nun, wie wichtig die eigene Einstellung ist. Wir haben nicht den Auftrag im Kopf, wir gehen in Vorleistung, wir möchten den Menschen kennenlernen und ihm die entsprechende Achtung und Wertschätzung entgegenbringen.

Für die weitere Gesprächsentwicklung und -führung kann es hilfreich sein, wenn Sie sich in Ihr Gegenüber hineinversetzen und sich mit dessen Augen betrachten: Was denkt er gerade über mich? Wie wirke ich auf ihn, wie wirken meine Fragen und Äußerungen auf ihn? Wie kommt meine Selbstdarstellung an?

Wertschätzende Gesprächsführung

Sehen Sie Ihren Gesprächspartner als gleichberechtigten Partner auf Augenhöhe. Um ihm Interesse und Wertschätzung zu signalisieren, zeigen Sie ihm, dass Sie seine Position verstehen. Im Gegenzug wird er auch Ihren Ansichten Verständnis und Interesse entgegenbringen.

Um beim Kontakten in kürzester Zeit die richtigen Themen anzusprechen, ist es erforderlich, das Gespräch bewusst zu lenken. Stellen Sie Fragen, und wenn Sie beim passenden Thema angelangt sind, schlagen Sie zu mit einer Äußerung wie: „Das ist sehr interessant für mich, ich sehe hier gemeinsame Synergien!" Schon sind Sie mitten in einem spannenden Gespräch, das Vorteile für beide Seiten verspricht.

Strategische Kontaktpflege und -hygiene

Erster Schritt: Kontakt aufrechterhalten

Beziehungspflege lebt von **Intelligenz, Kontinuität und Kreativität.**

Haben Sie einen neuen Kontakt aufgenommen, darf Ihr Engagement nicht nachlassen. Frische Kontakte sind wie kleine, zarte Pflänzchen: Sie werden nur durch gute Pflege zu einem kräftigen Baum. Sorgen Sie dafür, dass Ihre Pflanze wächst und gedeiht.

Am einfachsten ist es, wenn Sie es geschafft haben, beim ersten Kennenlernen unmittelbar einen konkreten Folgegesprächstermin zu vereinbaren.

Wenn Sie einen solchen nur lose besprochen haben, sollten Sie schnell handeln, damit Sie Ihrem Kontakt noch in Erinnerung sind. Als Faustregel gelten 72 Stunden, außer Sie haben beim Kennenlernen etwas anderes vereinbart.

Teilen Sie Ihrem Gesprächspartner mit, wie sehr Sie sich freuen, ihn kennengelernt zu haben, dass Sie das Gespräch in angenehmer Erinnerung halten werden und sich über ein baldiges Wiedersehen freuen würden. Sie können ein Treffen zum Beispiel auch mit der Begründung vorschlagen, dass Sie demnächst in der Nähe sind – aus beruflichen Gründen. Vielleicht arbeiten Sie gerade an einem interessanten Projekt, von dem Sie Ihrem Geschäftspartner erzählen möchten. Ihrem Einfallsreichtum sind keine Grenzen gesetzt.

Wichtig!

Beide Gesprächspartner sollen im Nachfolgegespräch einen Vorteil sehen. Bieten Sie Ihrem Kontakt einen für ihn interessanten Aufhänger. Bleiben Sie im „relevant set" der Person, und auch hier gilt: Haben Sie nicht vorrangig Ihren Auftrag im Kopf!

Vertiefung

Es gibt zahlreiche Möglichkeiten, um sich bei einem relativ jungen Kontakt immer wieder einmal in Erinnerung zu bringen und die Beziehung gezielt zu pflegen. Vielleicht schicken Sie ihm einen Hinweis auf eine Veranstaltung bei einem Brancheninsider und fragen ihn, ob das interessant für ihn sei. Oder Sie lassen ihm einen Artikel zu seinem Schwerpunktthema zukommen. Reflektieren Sie dazu die gesammelten Informationen rund um Ihren Kontakt. Auch Geburtstage oder Jubiläen bieten gute Anknüpfungspunkte. Es obliegt Ihrer Kreativität, wie Sie nachhaltig und intelligent in Beziehung bleiben. Achten Sie auch auf die Häufigkeit. Es kann aufdringlich wirken, wenn der neue Kontakt alle zwei Wochen unaufgefordert etwas von Ihnen hört, und kommen Sie den Versprechen nach, die Sie ihm vielleicht im Erstgespräch gemacht haben.

Regelmäßigkeit

Damit Ihr neuer Kontakt nicht nur eine Zierde Ihrer Datenbank bleibt, gilt es, die Beziehung zu ihm auch langfristig zu pflegen. Sie wissen dabei selbst am besten, wie häufig Sie auf ihn zugehen sollten. Aber lassen Sie zwischen den einzelnen Kontaktaufnahmen nicht allzu viel Zeit verstreichen. Und entwickeln Sie ein Gefühl dafür, wie es um den Kontaktwunsch Ihres Gegenübers bestellt ist.

Vom „Wie" zum „Wem" oder die Kunst der Diversifikation

Bisher ging es in diesem Kapitel vor allem um das „Wie" des strategischen Netzwerkens – aber in welche Richtung soll es gehen? Folgen Sie einfach einer gängigen Empfehlung von Banken bezüglich der richtigen Geldanlage: Diversifikation – eine Auffächerung auf verschiedene Anlageformen zur Risikostreuung und Gewinnmaximierung.

Ähnliches gilt für Ihr Netzwerk. Treffen Sie sich beispielsweise nur mit Personen aus der gleichen Branche, wächst Ihr Netzwerk nicht über diesen „Tellerrand" hinaus, und es ist schwieriger für Sie, sich in diesem Umfeld als Spezialist zu positionieren.

Meine Empfehlung: Eröffnen Sie sich neue Wirkungskreise, die mit dem Geschäft oder Job gar nichts zu tun haben. Am einfachsten gelingt dies durch den Eintritt in einen Verein: Sport, Ehrenamt, Kultur ... Die Begeisterung für eine gemeinsame Sache verbindet schnell – über alle Berufsgrenzen hinweg. Und das persönliche Netzwerk wächst ganz automatisch.

Golfen ist doch gut für Geschäfte

Geschäfte machen auf dem Golfplatz: Gerücht oder Wirklichkeit? Meine These: Wer hier bislang keinen Erfolg hatte, hat es nur falsch angefangen. Oder ist vielleicht mit der Tür ins Haus gefallen? Ein klassischer Anfängerfehler!

Beweisen Sie Fingerspitzengefühl und gehen Sie locker und geduldig ans Werk. Sie sehen im Büro eines Geschäftskontakts Indikatoren dafür, dass es sich um einen Golfer handelt? Sprechen Sie eine Einladung aus. Nimmt er oder sie an, ist der erste Schritt getan. Golfen bedeutet – wie übrigens auch andere Sportarten – die Chance, vier oder gar fünf Stunden mit einer Person außerhalb des Business zu verbringen. Eine wunderbare Gelegenheit zum Vertrauensaufbau.

Aber: Finger weg von heißen Eisen wie Businessplänen, Budgets oder Geschäftsanbahnung. Ihr Golfpartner freut sich vielleicht gerade auf Entspannung und die Bewegung in freier Natur mit jemandem, der mal nicht übers Geschäft reden möchte – auch nicht bei der abschließenden Einkehr im „19. Loch".

An dieses angenehme gemeinsame Erlebnis kann man bei anderen Gelegenheiten immer wieder anknüpfen, die Vertrauensbasis ist geschaffen. Und auf die Frage, ob Sie ihn auch einmal in einem geschäftlichen Anliegen sprechen könnten, wird er Ihnen mit Sicherheit keinen Korb geben.

Jetzt kann es losgehen: Die Summary für Ihren Kontakterfolg

Die richtige Einstellung haben

Nicht den Kunden im Fokus und nicht den Auftrag im Kopf.

Gehen Sie mit dem Vorsatz zu einer Veranstaltung oder auch in ein Gespräch: Ich möchte den oder die Menschen vor Ort kennenlernen. Kann ich meinem Gegenüber in einer Angelegenheit weiterhelfen?

Treten Sie den Menschen mit Wertschätzung entgegen. Erkennen Sie den Menschen im Kunden. Behandeln Sie jeden Menschen so, wie Sie behandelt werden möchten. Mit dem nötigen Respekt!

Positiv wirken

Wenn Sie mit sich und der Welt zufrieden sind, sieht man Ihnen das an. Und da dies alle Menschen für sich ersehnen, sind in sich ruhende Menschen einfach anziehend. Versuchen Sie also, innere Zufriedenheit auszustrahlen – und die Menschen werden auf Sie zugehen. Dazu gehören auch ein Lächeln, Authentizität und Entspanntheit.

Sich mit Stil und Verstand präsentieren

Geht es Ihnen auch häufig so: Sie verstehen bei der Vorstellung noch nicht einmal den Namen Ihres Gegenübers. Ich habe mir angewöhnt, meinen Nachnamen zu nennen, dann kurz noch einmal meinen ganzen Namen. Dazu habe ich immer einen Satz über meine Tätigkeit parat, der gleichzeitig neugierig auf mein Business macht – meinen Elevator Pitch.

Vorarbeit leisten

Wissen Sie, wen Sie kennenlernen wollen? Haben Sie alle relevanten Informationen über Ihre Zielperson? Ermitteln Sie Ansatzpunkte, worin Sie Ihr Gegenüber unterstützen können – und sei es nur mit einem anderen interessanten Kontakt.

Nicht mit dem Geschäft beginnen

Plaudern Sie, treten Sie in Kontakt durch beiläufige Fragen wie: Sind Sie zum ersten Mal auf dieser Veranstaltung? Wie gefällt es Ihnen bislang?

Blickkontakt halten

Halten Sie Blickkontakt mit dem Menschen, mit dem Sie gerade sprechen. Alles andere wirkt desinteressiert, unsicher oder sogar arrogant – und bringt Punktabzug. Blickkontakt bedeutet aber nicht, dass Sie Ihr Gegenüber fixieren sollen, denn das wiederum kann einschüchternd wirken und ist für den Gesprächspartner eher unangenehm.

Sich angemessen zuwenden

Um Interesse zu signalisieren, sollten Sie sich im Gespräch etwas vorlehnen. Zeigen Sie sich als aktiver Zuhörer, aber wahren Sie den Sicherheitsabstand.

In der westlichen Welt ist man, gerade was den persönlichen Abstand angeht, sehr sensibel. Man spricht von der intimen Zone, die etwa bei 50 cm liegt und auf keinen Fall touchiert werden sollte. Der persönliche Bereich beginnt etwa bei 60 cm und geht bis 120 cm, die gesellschaftliche und im Businessbereich gültige Zone bei 120 cm bis 350 cm. Die öffentliche Zone grenzt daran an. Beobachten Sie in Zukunft einmal selbst diese Distanzen und Sie werden sehen: Das Unter- oder Überschreiten wirkt irritierend.

Gemeinsamkeiten suchen

Jemand, der uns ähnlich ist, der dieselben Gefühle teilt und uns versteht, ist uns sofort sympathisch. Nutzen Sie dieses Wissen, um Gesprächspartner für sich zu gewinnen. Finden Sie Gemeinsamkeiten.

Interessant bleiben durch Offerten

Bleiben Sie im Gespräch mit Ihren ausgewählten Kontakten – am besten, indem Sie aktiv etwas anbieten und auf Ihre Gesprächspartner zugehen: vielleicht eine Idee oder ein neues Konzept. Entscheidend ist nur, dass es dem anderen weiterhilft. Eine solche Geste wird nicht in Vergessenheit geraten.

Kontakten kann man lernen

Niemand wird über Nacht zum Kontaktgenie. Auch hier gilt: Übung macht den Meister. Üben Sie in allen geeigneten Lebenssituationen. Dann steht Ihrem erfolgreichen Karrierenetzwerk nichts mehr im Wege.

COACHING-CHECKLISTE
Wie strategisch gehen Sie Ihr Kontakt-management an?

⊃ Bezeichnen Sie Ihren Arbeitsstil als strukturiert?

⊃ Wie erfolgreich waren Ihre zuletzt besuchten Veranstaltungen? Mit welchen Gesprächspartnern davon stehen Sie noch in Kontakt?

⊃ Wie sah Ihre Vorbereitung für die letzten drei Veranstaltungen aus?

⊃ Haben Sie sich nach Veranstaltungen in der Vergangenheit öfter geärgert, weil Sie Herrn oder Frau Interessant-für-mich schon wieder nicht gesprochen haben?

⊃ Setzen Sie sich bei Veranstaltungen oder branchenspezifischen Zusammenkünften im Vorfeld konkrete Ziele, mit wem Sie sprechen möchten und worauf Sie hinauswollen?

⊃ Führen Sie eine persönliche Account-Liste oder auch Kontaktmanagementliste, mit der Sie kontinuierlich arbeiten?

⊃ Wie unprätentiös gehen Sie mit den Mitarbeitern von Personen um, die Sie kennenlernen wollen?

⊃ Wie viele persönliche Kriterien oder Eigenschaften kennen Sie von den Menschen, die für Sie wichtig sind (zum Beispiel wann der Sohn oder die Tochter den Führerschein macht oder eingeschult wird)?

⊃ Achten Sie in Ihrem nächsten Gespräch einmal darauf, wie oft Sie „ich" sagen und wie oft Sie Ihren Gesprächspartner direkt ansprechen.

⊃ Wie viele reine Gesprächstermine brachten Sie von Ihrer letzten Veranstaltung mit?

⊃ Schreiben Sie spontan zehn wichtige und zehn unwichtige Kontakte auf – und begründen Sie Ihre Entscheidung.

⊃ Welche interessanten Offerten könnten Sie Ihren zehn wichtigsten Kontakten machen?

⊃ In wie vielen Vereinen sind Sie Mitglied – und in wie vielen davon sind Sie stark engagiert?

7 Gewusst wie:
Die feinen Unterschiede

Was Sie bis hier über wirkungsvolles Kontaktmanagement gelesen haben, sehe ich als Basis an, als Pflicht sozusagen. Nun kommen wir zur Kür, zu den Feinheiten und Fertigkeiten, die es Ihnen ermöglichen, in entscheidenden Situationen noch ein Ass aus dem Ärmel zu ziehen.

Ich verwende dafür gern den Begriff „Raffinesse" – seine Bedeutung wird unter anderem mit „besonderer künstlerischer, technischer Vervollkommnung", „Feinheit" oder „schlauer, ausgeklügelter Vorgehensweise" umschrieben. Ein plastisches Beispiel für das Wesen der Raffinesse hat der Wirtschaftsjournalist und Bestsellerautor Jochen Mai[16] parat:

„Eine Frau geht in eine New Yorker Bank. Sie sagt, sie möchte morgen für eine Woche nach Europa reisen und brauche dafür dringend einen Kredit von 5.000 Dollar. ‚Nun', sagt der Bankmanager, ‚das machen wir gerne, aber welche Sicherheiten bieten Sie uns dafür?' Darauf zeigt die Blondine auf einen nagelneuen Rolls-Royce, der draußen auf der Straße steht und dessen Papiere und Schlüssel sie dabei hat. ‚Das geht natürlich in Ordnung', sagt der Bankmanager. Der Wert des Rolls-Royce übersteigt schließlich den Kreditrahmen bei weitem. Ein Bankangestellter nimmt die Wagenschlüssel an sich und parkt den Rolls-Royce in der Tiefgarage der Bank. Danach bekommt die Frau das Geld und verreist.

Nach einer Woche kehrt sie gutgelaunt und sichtlich erholt zurück. Sie überreicht dem Bankmanager zuerst die 5.000 Dollar in Cash und schließlich noch die Zinsen von rund 15 Dollar. ‚Wissen Sie', sagt der Manager, ‚es freut uns wirklich, dass dieses Geschäft so wunderbar über die Bühne gegangen ist. Aber was uns die vergangene Woche wirklich sehr beschäftigt hat: Wozu brauchten Sie 5.000 Dollar? Wir haben uns nämlich ein bisschen über Sie erkundigt und dabei herausgefunden, dass Sie eine Multimillionärin sind und sich das Geld überhaupt nicht leihen müssten.' ‚Das ist richtig', sagt die Frau. ‚Aber wissen Sie, auch ich habe etwas recherchiert. Und es gibt in ganz New York keinen anderen Ort, an dem man sein Auto für 15 Dollar eine Woche lang sicher parken kann.'"

Raffinesse bedeutet also unter anderem, mit Charme und Witz originelle Lösungswege zu finden. Dazu gehört auch, sein Gegenüber mit seinen persönlichen, nationalen oder branchen- und geschlechtsspezifischen Attitüden und Erwartungen richtig einzuschätzen.

Networken in anderen Ländern: Kulturelle Unterschiede

Um Feingefühl geht es gerade beim Netzwerken in anderen Kulturkreisen. Andere Länder, andere Sitten – und wenn Sie diese nicht beachten, stehen viele Fettnäpfchen bereit. Ein umfassender Überblick über internationale Fettnäpfchen würde mindestens ein weiteres Buch füllen. Aber einen kurzen Blick auf Mentalität und Business-Spielregeln ausgewählter näherer und fernerer Geschäftspartner möchte ich Ihnen nicht vorenthalten.

Franzosen und Networking

In Frankreich beginnt gezielter Netzwerkaufbau schon sehr früh. Mit der Aufnahme in eine Eliteuniversität ist üblicherweise ein hervorragendes Beziehungsnetz gesichert, ähnlich wie in England. Dieser Weg steht allerdings nur ausgewählten Studentenkreisen offen. Das Gros nutzt nach dem Studium vor allem branchenbezogene Zirkel, in denen sich – vergleichbar mit Deutschland – zum Beispiel Wirtschaftswissenschaftler, Ingenieure oder Politikwissenschaftler regelmäßig unter sich treffen.

Hierarchien und Statusdenken sind in Frankreich stark ausgeprägt. Deshalb ist es wichtig, die richtigen Leute zu kennen und diesen mit der entsprechenden Haltung entgegenzutreten. Respekt und Höflichkeit besitzen einen weitaus höheren Stellenwert als bei uns; die deutsche Direktheit sowie ein gezielt forsches Auftreten werden eher als unhöflich empfunden. Umso mehr, wenn man weiß, dass „sich Zeit lassen" im Nachbarland als eine Art Lebensphilosophie gesehen wird, auch beim Kennenlernen des Gesprächspartners. Das gilt für beide Seiten.

„Es lebe die Beziehung" könnte neben „Vive la France" stehen. Der Franzose schätzt es, wenn Sie ihn einfach mal zwischendurch anrufen, ohne geschäftlichen Hintergedanken. Er möchte Sie in Ruhe beschnuppern, Sie im Gespräch abtasten, bevor er mit Ihnen Geschäfte macht. Insofern mag er es überhaupt nicht, wenn Sie mit der Tür ins Haus fallen.

Bevor über das Geschäft geredet wird, sollten Sie ausgiebig den Smalltalk pflegen. Unterhalten Sie sich über Themen wie Sport und Kultur. Ihr französisches Gegenüber erwartet auch, dass Sie sich mit seinem Land, den Menschen, der Geschichte und Kultur auseinandersetzen und firm sind in der „cugé", der culture générale. Haben Sie sich zum ersten Mal zum Geschäftsessen verabredet, wird Ihr französischer Gesprächspartner zuerst prüfen, ob Sie ihm würdig sind, das heißt, ob Sie sich mit französischer Kultur auskennen. Erst wenn Sie diese „Prüfung" in Geschichte, Politik, Kunst und Theater bestanden haben und mitreden können, steigt er ins Gespräch um die eigentlichen Businessthemen ein, übrigens nie vor dem Dessert oder dem Kaffee.

Wie wichtig das „cugé" für Franzosen ist – und für alle, die mit ihnen in Kontakt kommen wollen –, zeigt die Tatsache, dass selbst Universitäten entsprechende Kurse anbieten. Darin werden fächerübergreifend alle wesentlichen Fakten rund um die französische Kultur vermittelt. Grundsätzlich gilt, dass der Umgangston formeller ist und dass gepflegte Konversation gepaart mit Esprit bei ihm hervorragend ankommen.

Für uns Deutsche oft gewöhnungsbedürftig ist der Umgang mit der Verbindlichkeit. Es ist förderlich, wenn Sie sich festgelegte Termine nochmals bestätigen lassen, denn nicht umsonst gilt der Franzose als Improvisationsgenie mit Neigung zu intuitivem Zeitgefühl. Seien Sie nachsichtig mit der französischen Pünktlichkeit und planen Sie ausreichend Zeit für Mittag- oder Abendessen ein.

Im virtuellen Bereich erleben Plattformen wie Facebook und Co. ein starkes Wachstum und sind vor allem bei den jungen, internetaffinen Franzosen sehr angesagt. Wer seine Kontakte nicht nur oberflächlich verwalten, sondern intensivieren möchte, tut dies selbstverständlich wie bisher noch immer eher bei einem persönlichen Treffen unter vier Augen.

Die Erfinder des Kontaktens: Die Amerikaner

Für Amerikaner bedeutet leben auch kontakten – über Klassenschranken hinweg. Ein ideales Klima zum Networken: Man kann andere Menschen ohne Scheu ansprechen – und wird auch von anderen freundlich und freudig angesprochen und aufgenommen. Dementsprechend haben die Amerikaner, die als Weltmeister im Smalltalk gelten, eine Menge Network-Events entwickelt, um Menschen zusammenzubringen.

Es ist in den USA sehr viel einfacher, die Hierarchieebenen von Assistenten, Referenten und Abteilungsleitern zu überwinden und Termine ganz oben zu ergattern. Der Amerikaner gilt als sehr freundlich und höflich. Dieses Auftreten wird von uns oft bereits als Freundschaft gedeutet, wo er uns doch häufig nur den Einstieg erleichtern will.

Im Umgangston ist er eher locker und humorvoll. Er spricht Sie bereits nach kurzer Zeit mit dem Vornamen an, was nicht impliziert, dass es zu größerer Vertrautheit oder Intimität kommt oder gar die Kritik erleichtert. Entgegen dem Statusdenken in Frankreich sind Titel für ihn nicht so wichtig; man definiert die eigene Position über andere Aspekte, wie zum Beispiel ein großes Büro oder Entscheidungsspielräume. Beim Smalltalk sollten Sie Tabuthemen wie Politik, Sexualität und Krankheit umschiffen. Grundsätzlich ist im Gesprächsverlauf alles zu vermeiden, was diskriminierend wirken könnte, angefangen von der Religion über die Hautfarbe bis hin zur sexuellen Orientierung.

Wenn Termine definiert sind, sollten sie diese exakt einhalten. Ihr Gesprächspartner legt Wert darauf, dass zielorientiert agiert wird. Die persönliche Beziehung ist ihm nicht so wichtig wie das Erreichen der Businessziele.

Bei der Kleidung bevorzugt der Amerikaner eher den klassischeren Businessstil. Für Damen sieht der Business-Dresscode Feinstrumpfhosen vor – auch bei 40 Grad in der kalifornischen Wüste.

In der Regel sind Amerikaner harmoniebedürftig und vermeiden daher die Konfrontation in Gesprächen. Sie geizen nicht mit Anerkennung, erwarten sie allerdings auch ihrerseits. Kritik sollte deshalb gut verpackt werden, um die Geschäftsbeziehung nicht zu gefährden. Beginnen Sie beispielsweise mit Lob und umschreiben Sie vorsichtig, was noch empfehlenswert wäre.

Gewöhnungsbedürftig sind für uns Deutsche bisweilen die amerikanische Neigung zum Überschwang und die Umgestaltungsfreude. Amerikaner können sich schnell für alles begeistern, was nach „Opportunity" aussieht. Startups beispielsweise erhalten im Verkaufsprozess relativ schnell und viel Aufmerksamkeit von Interessenten, die große Chancen wittern. Die Aufmerksamkeit endet aber genauso schnell, wenn die Resultate oder der Kontakt den Erwartungen nicht entsprechen. Aufgrund dieser Begeisterungsfähigkeit ist es im persönlichen Umgang wichtig, sich auf den Kommunikationsstil einzustellen und die eigene Kompetenz gekonnt darzustellen, sich also selbst so hervorragend zu vermarkten wie Ihr Gegenüber, sonst könnte Ihre Reputation leiden.

Kontakte an der Bar: Irland

In Irland könnte man die Bar und Sportevents als zentrale Networking-Plattformen bezeichnen. Bei den Iren ist es ähnlich wie bei den Engländern: Man trifft sich – auch mit Familie – gern in der Bar. Business wird oft in Pubs gemacht – und beim Sport. Denn die Iren sind ein sportbegeistertes Volk. Auch wenn der Fußball auf dem Vormarsch ist, schätzen sie doch ganz besonders ihre beiden eigenen Sportarten: „Gaelic Football" und „Hurling". Ergattern Sie also gute Plätze beim richtigen Spiel – und Sie gewinnen bei Ihrem Business-Gesprächspartner dicke Sympathiepunkte.

Anders als in den USA neigt man in Irland eher zum Understatement; Prahlerei und effekthascherische Titel werden wenig geschätzt. Was zählt, ist die Leistung in der Praxis. Wichtig beim Smalltalk: Religiöse Themen sind tabu.

England: Die Wiege des Smalltalks

Der Gesprächseinstieg über das Wetter ist ein Klassiker, der als charakteristisch für den britischen Smalltalk gilt. Aber auch darüber hinaus sind die Engländer Smalltalk-Experten und lieben die lockere Unterhaltung. Tabuthemen sind auch hier: Politik, der Gesundheitszustand, Probleme und offene Kritik an Missständen. Zum Beispiel kann ein Engländer nicht nachvollziehen, dass in Deutschland Werbung für Mittel gegen Magen- und Darmprobleme gemacht wird.

Im Gegensatz zu den Amerikanern – den Meistern der Selbstvermarktung – üben sich die Briten eher in höflicher Zurückhaltung und Understatement; Angeben ist wie in Irland verpönt.

Werden Sie zum Business-Diner eingeladen, richten Sie Ihre Unterhaltung auf das Wetter, den Sport und die Hobbys. Vermeiden Sie es, über das Geschäft zu reden, das können Sie am nächsten Tag nachholen.

In England wird Höflichkeit großgeschrieben: Das wird nicht nur beim ordnungsgemäßen Anstehen im Laden deutlich – vordrängeln schickt sich nicht –, sondern auch beim Ausredenlassen. Engländer mögen es überhaupt nicht, wenn sie im Gespräch unterbrochen werden, und Kritik sollte auch hier sorgfältig verpackt sein: Schätzen Sie zuerst die Meinung des anderen wert, bevor Sie vorsichtig Ihre kritische Anmerkung anschließen.

Zwischen Privatleben und Geschäft wird – wie in Irland – nicht so streng getrennt. Vorgesetzte, Geschäftspartner oder Kollegen lädt man im Anschluss an den Arbeitstag auch öfter mal ins Pub ein.

Italien, das Land zwischen Cappuccino und Espresso

In keinem anderen Land der Welt ist die Cafékultur so ausgeprägt wie in Italien. Hier findet das Leben statt – und auch das Kontakteknüpfen.

Es beginnt mit dem Espresso morgens „an der Ecke": Vor der Arbeit (der Arbeitsalltag beginnt etwas später als in Deutschland) nimmt man in der Cafébar einen Cappuccino oder Espresso und verabredet sich bereits für das Mittagessen. Das ist als Beginn einer Zusammenarbeit nicht ungewöhnlich. Dabei ist es wichtig zu wissen, wo sich wer trifft. Es gibt Cafébars, die bekannt dafür sind, dass Juristen ein- und ausgehen. Das sind dann nicht die, in denen beispielsweise die Galeristen verkehren. In Italien ist es auch üblich, sich für abends mit dem potentiellen Geschäftspartner zu verabreden – in der Regel dann mit Lebenspartner, ungern ohne. Hat man keinen, nimmt man einen guten Freund oder die Freundin mit. Es hilft, wenn sich alle vier gut verstehen, ansonsten gelten die üblichen Höflichkeitsregeln.

China: Wo Gastfreundschaft zählt

Im asiatischen Raum sind die Unterschiede zu unseren Verhaltensregeln weitaus signifikanter als innerhalb des westlichen Kulturkreises. Für Geschäftsreisen und -kontakte beispielsweise nach China gilt: Nehmen Sie zur Sicherheit einen mit der Kultur vertrauten Dolmetscher mit, denn die wenigsten Chinesen sprechen Englisch oder Deutsch, obwohl Sie manch einer am Tisch versteht, ohne sich erkennen zu geben. Auch für Sie ist es übrigens hilfreich, bei häufigen Kontakten – in welchem Land auch immer – selbst einige Brocken der Landessprache zu kennen und zu verstehen.

Nicht ohne Grund wird China als Land des Lächelns besungen: Chinesen – und andere Asiaten – lächeln und nicken oft, was nicht mit wahrer Zustimmung zu verwechseln ist. Lächeln (keineswegs lautes Lachen) gilt als Ausdruck von Höflichkeit, ein deutliches Nein hört man kaum. Die Chinesen pflegen eher die indirekte Kommunikation, so dass Sie sich angewöhnen müssen, zwischen den Zeilen zu lesen. „Wir diskutieren dies mit unseren Kollegen nach unserer Rückkehr" kann bereits eine Absage beinhalten, und man behält sich den Rückzug vor.

Bindeglieder zwischen den Menschen sind für die Chinesen die Esskultur und die Gastfreundschaft: Essen bildet den Rahmen für zwischenmenschliche Beziehungen jeder Art. Hier werden Freundschaften gepflegt, kulturelle und andere Themen ausgetauscht, Kontakte geknüpft und Geschäfte zelebriert. Dabei wird die Qualität des Essens bei Einladungen als Ausdruck der Wertschätzung verstanden. Bei der Zusammenstellung von Business-Banketts wird beispielsweise darauf geachtet, dass besonders teure Spezialitäten wie Haifischflossen, Schwalbennester oder Abalonen nicht fehlen. Von daher wählen Sie bitte gute und teure Restaurants, um Ihre Geschäftsbeziehungen zu pflegen und Ihrem Gegenüber Respekt zu zollen.

Heißen Sie Ihre Gäste nach der Vorspeise willkommen und machen Sie sich bereits im Vorfeld mit dem ordnungsgemäßen Gebrauch von Stäbchen vertraut. Bitte niemals die Stäbchen im Essen stecken lassen, denn das ist ein Ritual im Rahmen des Totenkults. Auch darf – anders als bei uns – der Teller nicht leer gegessen werden. Das würde bedeuten, Sie sind nicht satt geworden.

Netzwerkpflege ist in China von existenzieller Bedeutung: Ohne Beziehung kein Geschäft. Um diese aufzubauen, braucht man als westlicher Besucher vor allem Ausdauer, Geduld und Zeit. Wenn Sie Gäste aus China empfangen, seien Sie flexibel, zuvorkommend und haben Sie immer ein Geschenk zum Abschied parat. Der Aufdruck „Made in Germany" oder „Made in Europe" genießt dabei hohen Stellenwert. Denken Sie daran: Die Chinesen betrachten Gastfreundschaft als höchste Tugend und hofieren ihre Gäste sehr.

Um für die Konversation gerüstet zu sein, informieren Sie sich über aktuelle Nachrichten und Vorkommnisse in China und seien Sie gleichzeitig über die europäische Geschichte informiert. Die Chinesen kennen unsere Historie zum Teil sehr gut und mögen es, Sie zur europäischen Kultur, Geschichte und Philosophie zu befragen.

Anders als in unserer Kultur haben in China Senioriätsprinzip und Hierarchiedenken eine jahrtausendealte Tradition. Der älteren Generation werden Expertentum und Erfahrung zugeschrieben. In Zusammenhang damit steht wohl auch die Titelsucht, die in China zu beobachten ist. Bei Geschäftsanbahnungen wird Wert darauf gelegt, dass möglichst hohe Geschäftsvertreter anwesend sind. Im Chinageschäft sollten auch Ihre Visitenkarten schmückende Titel tragen, im Fall des Vertriebsleiters zum Beispiel „Head of China Business".

Beachten Sie, dass Frauen aufgrund der kommunistischen Tradition in China im Berufsleben gleichberechtigt und hoch angesehen sind. „Frauen tragen die Hälfte des Himmels", lautet der bekannte Spruch Maos.

Die Liste kultureller Kontaktbesonderheiten ließe sich noch lange fortsetzen. Wenn Sie längere Aufenthalte in anderen Ländern planen, sind die entsprechende Fachliteratur sowie spezielle Vorbereitungskurse unbedingt zu empfehlen.

Aber nicht nur Kulturen unterscheiden sich in ihrem Kommunikationsverhalten, sondern auch Geschlechter – was die ausufernde Ratgeberliteratur ebenso wie sicher auch Ihre persönlichen Erfahrungen unterstreichen.

Der kleine Unterschied: Frauen und Männer

Bis vor nicht allzu langer Zeit haben Männer das wirtschaftliche Leben dominiert und dementsprechend traditionsreiche Netzwerke aufgebaut. Noch vor einigen Jahren ergab eine von namhaften Magazinen wie Capital und Financial Times Deutschland durchgeführte Studie, dass Frauen Männernetzwerke fürchten und die eher vorherrschende Vorgehensweise der Männer im Business mit „Ellbogenmentalität" beklagen. Frauen gelten zwar als Meisterinnen des Kontakteknüpfens, nutzen dies aber erst seit relativ kurzer Zeit auch im Geschäftsleben. Sie verfügen in der Regel über ein ausladendes Freundinnennetzwerk. „Typisch weiblich" ist es zwar, vernetzt zu denken, dies allerdings eher im privaten Umfeld anzuwenden. Frauen fragen sich öfter, ob es legitim ist, Netzwerke zu nutzen, und wann es ins Klüngeln übergeht.

Worin liegt nun der Unterschied zwischen der Kontaktpflege zu Freunden und dem Netzwerken zur Gewinnmaximierung des eigenen Unternehmens? Meine Beobachtung: die Bewertung des Sympathiefaktors. Frauen orientieren sich stärker an Sympathien als am gegenseitigen Nutzen. Sie tendieren deshalb häufig dazu, unter Gleichgesinnten zu bleiben. Das sorgt zwar für eine „kuschelige" Atmosphäre, die gegenseitige berufliche Unterstützung und der Ausbau von Geschäftsbeziehungen geraten dabei allerdings leicht ins Hintertreffen. Meiner Erfahrung nach scheuen sich noch immer einige Frauen davor, ihre eigenen Interessen und ihren beruflichen Erfolg konsequent zu verfolgen und ihre kommunikativen Stärken beim Kontakten auszuspielen.

Für Frauen ist es besonders schwer, in bestehende Netzwerke zu gelangen, die eher von Männern dominiert sind. Was hier zählt, sind ähnliche Erfahrungen und vor allem die berufliche Laufbahn. Je mehr Parallelitäten, desto eher wird man akzeptiert. Dass die Frauen in der Netzwerkorientierung inzwischen deutlich aufgeholt haben, davon zeugt ein breites Spektrum an weiblichen Wirtschaftsclubs, Vereinen oder Web-Gemeinschaften. Wie in den männlichen Pendants geht es darin nicht nur um den Austausch unter Gleichgesinnten, sondern auch um Synergieeffekte durch strategische Kontakte mit anderen Branchen.

Visitenkarten als Karrierebeschleuniger

Trotz Datenbanken, die heute fast jeder im Computer oder bereits im Mobiltelefon führt, Websites, Xing- oder Facebook-Auftritten ist der Stellenwert der kleinen gedruckten Karten nicht zu unterschätzen.

In der Vergangenheit überreichten die Damen und Herren der besseren Gesellschaft die Karten zunächst dem Butler, der die Gäste dann anmeldete, indem er der Herrschaft die Visitenkärtchen auf einem Tablett „servierte". Bis heute macht man sich im Geschäftsleben durch den Austausch der Visitenkarten bekannt.

Als „Visitenkarten-Weltmeister" gelten die Japaner. Hier machen jüngere oder hierarchisch tiefer gestellte Mitarbeiter den Anfang bei der Übergabe der „Meishi", wie die Visitenkarte in Japan heißt. Die Meishi werden mit beiden Händen überreicht und auch empfangen, die Partner verbeugen sich, um sich gegenseitig Respekt zu zollen. Pluspunkte erhält man, wenn man die überreichten Meishi sofort nach Erhalt ausgiebig liest. Auch im westlichen Kulturkreis gibt es einen Visitenkarten-Knigge.

Wussten Sie, ...

... dass der Gast die Karte zuerst überreicht,

... dass in Gruppen der „Ranghöhere" die Karte zuerst erhält,

... dass man seinem Gegenüber bei der Übergabe in die Augen blickt und die Karte nicht ungelesen wegsteckt,

... dass Besucherkärtchen nicht quer über den Besprechungstisch hinweg verteilt werden sollten,

... dass bei zweisprachigen Visitenkarten (je eine Sprache auf einer Seite) bei der Übergabe die für den Empfänger bestimmte Sprache nach oben zeigen sollte?

Grundsätzlich gilt: Visitenkarten sind ein Teil Ihres persönlichen Images. Gestaltung, Farbigkeit, Papierwahl, Drucktechnik – diese Details verraten einiges, insbesondere, wenn Sie als Unternehmer selbst darauf Einfluss haben. Mit einer hochwertigen Visitenkarte, die nicht übertrieben wirkt und zu Ihnen und Ihrem Business passt, können Sie Ihre Persönlichkeit und Professionalität positiv abrunden. Nicht zu tolerieren ist die „am Bahnhof" gedruckte Karte, grafische Entgleisungen oder handkorrigierte Kärtchen. Vor Eselsohren, Vergilbungen oder ähnlichen Beschädigungen schützt übrigens ein ordentliches Visitenkartenetui. Bedenken Sie immer: Ihre Visitenkarte repräsentiert neben Ihrer Person und Ihrem Geschäftsverständnis auch den Respekt, den Sie dem Empfänger entgegenbringen.

Und noch etwas: Visitenkarten erleichtern nicht nur die gegenseitige Ansprache im Verlauf eines Gesprächs, sie eignen sich auch hervorragend für einen kleinen Smalltalk als Gesprächseinstieg. Nehmen Sie sich daher Zeit, die erhaltene Visitenkarte genau zu betrachten. Sie erfahren etwas über den Menschen, der Ihnen die Karte überreicht hat – und haben damit oft Anknüpfungspunkte für ein persönliches Gespräch. Das reicht vom gemeinsamen Vornamen über eine besondere Schreibweise bis hin zu Gestaltung und Haptik. Mit der Würdigung der Karte signalisieren Sie Ihrem Gegenüber in jedem Fall Wertschätzung.

Damit stellen Visitenkarten ein einfaches und wirkungsvolles Medium dar, um den neuen Kontakt durch ein erstes symbolisches Geben und Nehmen zu vertiefen. Für meinen Geschmack werden sie oft zu schnell und zu locker ausgegeben – wie Spielkarten beim Skat. Denken Sie daran: Je verbindlicher und bewusster man eine Karte überreicht, desto wertvoller und bewusster wird Ihre Person wahrgenommen.

Und achten Sie auch selbst darauf, wie Sie mit Visitenkarten umgehen. Machen Sie sich bewusst, dass die kleinen Kärtchen ein Symbol für den Menschen und seine Position darstellen. Sie bestimmen, welchen Wert Sie dem Menschen und somit seinen Daten, die er Ihnen bewusst überreicht hat, entgegenbringen.

Noch ein persönlicher Tipp von mir: Nach dem Kennenlernen notiere ich mir auf der Karte oft einige Stichworte zur Person, bevor ich sie digital archiviere: wo und wann kennengelernt, durch wen vorgestellt, gemeinsame Themen etc. Dies hilft gerade nach größeren Veranstaltungen als Gedankenstütze beim Eintrag in die Datenbank und natürlich beim Nachfassen.

Denn das Sammeln von Visitenkarten ist wie das Sammeln von Social-Media-Kontakten: Erst der vertiefte menschliche Kontakt ermöglicht es, Synergien zu nutzen und gemeinsame Interessen und Chancen auszuloten.

Netzwerktreffen: Das Gefühl für die richtigen Kontakte

Gute Kontakter benötigen zumeist gar keine speziellen Veranstaltungen, um die richtigen Leute kennenzulernen und daraus gewinnbringende Beziehungen zu entwickeln. Das sei vorangestellt, wenn es im Folgenden darum geht, die richtigen Events und Wege zu finden, um Ihr Netzwerk weiterzuspinnen. Auch hier sind Raffinesse und der richtige Instinkt gefragt. Für zurückhaltendere Naturen sind Netzwerkveranstaltungen in jedem Fall ein guter Weg, um Kontakten zu lernen und regelmäßig zu trainieren.

Netzwerktreffen verschiedener Art werden in zahlreichen Städten angeboten. Wer sich noch nicht für den geborenen Smalltalker hält, für den sind Visitenkartenpartys als Fingerübungen in Sachen Selbstdarstellung hervorragend geeignet.

Ziel dieser Veranstaltungsform ist, möglichst viele Menschen in kurzer Zeit miteinander zu vernetzen. Zunächst gibt es eine Vorstellungsrunde und anschließend Kurzgespräche, die maximal fünf Minuten dauern. Ein Blick auf die Teilnehmerliste im Vorfeld ist dabei hilfreich. Mit wem will ich ins Gespräch kommen? Sie erinnern sich: Die richtige Vorbereitung ist der halbe Kontakt! Außerdem: Bei vielen Netzwerktreffen stellen sich die Teilnehmer einer großen Runde vor. Das ist Ihre Chance, denn 50 Menschen hören Ihnen in diesen ein bis zwei Minuten aufmerksam zu. Sie haben doch Ihren Elevator Pitch schon ausreichend trainiert!?

Neben den Netzwerktreffen gibt es zahlreiche weitere Events oder Institutionen, die darauf ausgelegt sind, geschäftliche Kontakte auf der gleichen Ebene anzubahnen, zum Beispiel die Lions und die Rotary Clubs oder Round Tables. Der Zugang ist allerdings bisweilen streng reglementiert und nur auf Empfehlung möglich. Zudem sorgen hohe Aufnahmegebühren und Mitgliedsbeiträge für eine gewisse Exklusivität.

Bekannt sind Ihnen sicherlich auch verschiedene berufs- und branchenspezifische Netzwerke, die üblicherweise dem fachlichen Austausch dienen, aber auch wertvolle Kontaktmöglichkeiten bieten: vom IHK-Arbeitskreis über Business Network International (BNI), Unternehmerstammtische, Business-Frühstücke oder Branchenevents wie Fachmessen und Kongresse. Solche Angebote sind immer dann zu empfehlen, wenn Sie Kontakte aus einer bestimmten Branche suchen. Messen sind ein hervorragendes Podium für neue Kontakte, weil viele Aussteller und Besucher gesprächsbereit sind und sich oft gerne Zeit für Ihr Anliegen nehmen. Sie sind branchenspezifisch unterwegs und können die ganze Bandbreite an Interessierten kennenlernen: die Anbieter und die Nachfrager, ebenso die passenden Dienstleister und Medien.

Für Netzwerker sind auch Berufs- und Interessenverbände wichtig, vor allem die oft hochwertigen Kontakte über Marketing-Clubs. Wertvoll sind auch Alumni-Netzwerke von Universitäten und Hochschulen.

In vielen Regionen Deutschlands sind zudem die Zugehörigkeit und aktive Teilnahme in bestimmten Vereinen wie Schützenvereinen, regionalen Kunst- oder Kulturvereinen oder Heimatvereinen als interessante Möglichkeiten der Geschäftsanbahnung nicht zu unterschätzen. Auch Sportarten wie Golf, Rudern oder Tennis bieten als gemeinsames Hobby beste Aussichten auf lukrative Kontakte, wenn Sie sich in diesen Gruppierungen aktiv engagieren und die Regeln des erfolgreichen Kontaktmanagements befolgen.

Im großstädtischen Umfeld sind eher Vernissagen, Agentureröffnungen oder Premieren wichtige Netzwerk- und Kontakttermine.

Wem es liegt, der kann sich auch ehrenamtlich engagieren. Oft wird dieser Einsatz auf Kontaktmanagementebene unterschätzt. Dennoch eröffnen sich auch hier vielfältige Möglichkeiten, die sich für das Geschäftsleben als hilfreich erweisen.

Schlagfertigkeit: Treffer gekonnt setzen

Eine weitere Raffinesse sollten Sie als versierter Netzwerker unbedingt pflegen: die Schlagfertigkeit. Der britische Politiker Winston Churchill war dafür berühmt. Während einer Abendgesellschaft soll eine Lady Astor zu ihm gesagt haben: „Wenn ich Ihre Frau wäre, würde ich Ihnen Gift in den Kaffee schütten." Seine Antwort auf diese nicht wirklich charmante Aussage: „Wenn ich Ihr Mann wäre, würde ich ihn trinken!"

Schlagfertigkeit heißt, schnell mit Worten auf eine unvorhergesehene Situation zu reagieren und den verbalen Schlagabtausch zu gewinnen oder zumindest angemessen zu parieren.

Um keine Antwort verlegen zu sein, ist auf dem Netzwerkparkett eine große Stärke – nicht nur, um Angriffe mit einem Lächeln abzuwehren, sondern auch, um seine Gesprächspartner gut zu unterhalten. Falls Ihnen die passenden Antworten meist erst am nächsten Tag einfallen, hier einige Strategien gegen die Sprachlosigkeit:

1. **Zustimmen und ablenken.** Das Gespräch wird durch eine geschickte Fragestellung an den „Gegenspieler" in eine andere Richtung gelenkt. Frage: „Haben Sie gestern wieder gefeiert?" Antwort: „Ja, mit Freunden. Wollen Sie einmal mitkommen, ich möchte Ihnen etwas zeigen?"

2. **Ignorieren, statt rechtfertigen.** „Sie fahren ja immer noch dieses alte Auto?" „Sie essen ja schon wieder Schokolade?" Kennen Sie das Gefühl, sich auf diese und ähnliche Sticheleien hin rechtfertigen zu müssen? Souveräner ist es, über den Dingen zu stehen. Schweigen und lächeln Sie, so als ob das Gegenüber einen Fauxpas begangen hat.

3. **Pauschalvorwürfe personalisieren.** Gegen Pauschalvorwurfskeulen wie „Frauen können nicht einparken", „Männer sind unsensibel" oder „Deutsche sind überheblich" bewährt sich in der Regel die Retourkutsche: „Dann müsstest du eine Frau (ein Mann/ein Deutscher) sein!"

4. **Gegenangriff** – die Nummer für Fortgeschrittene. Ein Beispiel: „Wie sehen Sie denn heute wieder aus?", meint der Kollege. Die passende Antwort: „Waren wir gestern zusammen aus?" Ein solcher Gegenangriff, der den anderen mit Humor in die Schranken weist, ist nicht leicht und bedarf der Übung. Am besten denken Sie bei jeder Stichelei, die Sie irgendwo erleben, über die passende Antwort nach. So entsteht nach und nach ein gewisses Standardrepertoire, auf das Sie im Fall der Fälle zurückgreifen können.

5. **In Sicherheit wiegen.** Ein Quantum Selbstironie hilft bei dieser Technik, bei der es darum geht, den Angreifer in Sicherheit zu wiegen und ihn dann zu übertrumpfen. Beispiel: „Mein Freund ist krank, Sie könnten sich anstecken." „Kein Problem, ich plane sowieso einen Klinikaufenthalt."

6. **Kreatives Zustimmen.** Hierzu benötigen Sie eine gewisse Ungeniertheit. Selbstironie wirkt immer entwaffnend. Stellen Sie sich vor, auf einer Veranstaltung, auf der Sie kaum jemanden kennen, beginnt Ihr Bauch zu sprechen. Ihr Sitznachbar bemerkt dies und äußert lautstark: „Ihr Magen knurrt aber, als gäbe es hier nichts zu essen!" Die humorvolle Alternative zu einer peinlich berührten Entschuldigung könnte sein: „Meistens beißt er dann gleich den Tischherrn."

7. **Flirtversuche.** Meine Lieblingsreaktion auf unerwünschte und in der Business-Situation unpassende Komplimente, wie „Du hast wunderschöne Augen": „Das ist nicht das Einzige, was uns unterscheidet."

Das sind nur einige Beispiele, um Ihnen zu demonstrieren, dass man Schlagfertigkeit trainieren kann. Noch mehr heitere Beispiele und Techniken finden Sie unter anderem bei den Autoren Heinz Ryborz („Geschickt kontern: Nie mehr sprachlos! Schlagfertigkeit trainieren und angemessen einsetzen") oder bei Matthias Nöllke („Schlagfertigkeit").

COACHING-CHECKLISTE
Sind Sie sich der feinen Unterschiede bewusst?

⊃ Wie gehen Sie mit Visitenkarten um, die Ihnen überreicht werden?

⊃ Würden Sie sich als schlagfertig bezeichnen?

⊃ Wann haben Sie die letzte Vernissage oder ein anderes kulturelles Angebot in Ihrer Stadt wahrgenommen?

⊃ Würden Sie sich eher als „Amerikaner" beim Networken bezeichnen?

⊃ Welche kulturelle Eigenart ist Ihnen zuzuordnen?

⊃ Wie viele Ihrer Kontakte haben Sie auf entsprechenden Veranstaltungen kennengelernt?

⊃ Gibt es auch welche, die Sie auf Geschäftsreisen kennengelernt und aufgebaut haben?

8 Von der Pflicht zur Kür:
Business Relationship Management (BRM)

Haben wir bisher über den Einzelnen gesprochen, wie er sich anderen Menschen nähert und ohne Hemmungen wertige Kontakte aufbaut, so widmen wir uns in diesem Kapitel der Auswirkung von wertschätzendem Verhalten und Kontaktfähigkeit auf Unternehmensebene.

Repräsentative Studien und Praxisbeispiele haben ergeben: Wenn sich ein Unternehmen auf allen Ebenen dem Menschen verpflichtet fühlt, wird es von Kunden und Mitarbeitern geschätzt und agiert dadurch erfolgreicher.

Ein Unternehmen setzt nicht nur durch seine wirtschaftliche Leistungsfähigkeit, sondern auch und vor allem durch seine werteorientierte Unternehmenskultur Maßstäbe.

Mein persönliches Verständnis von Business Relationship Management beginnt bereits in der Kontaktanbahnungsphase und setzt dementsprechend beim Einzelnen an. Denn wie will ich im Unternehmen Wertschätzung praktizieren, wenn ich nicht bei den Kollegen, Mitarbeitern, Kunden und Vorgesetzten beginne?

Kontaktfähigkeit setzt voraus, dass Achtsamkeit nicht nur gegenüber Kunden, Kollegen und Vorgesetzten geübt wird, sondern auch gegenüber Dienstleistern und Mitarbeitern. Der Chef, der dem Kunden gegenüber Wertschätzung lebt, aber seine Mitarbeiter nicht entsprechend führt, ist nicht authentisch. Werfen wir in diesem Zusammenhang einen Blick auf den Markt.

Das Geheimnis der Spitzenunternehmen

Was auf Dauer zu echten Wettbewerbsvorteilen führt und was wahre Spitzenunternehmen ausmacht, da sind sich die Experten bis heute nicht ganz einig. Ist es der Umsatz, die Börsenbewertung oder sind es die außerordentlichen Gewinne? Und durch welche Management-methoden hat es das betreffende Unternehmen so weit gebracht?

Fragen, auf die es auch laut des für seinen umfassenden Marktüber-blick bekannten Magazins Harvard Business Manager bislang keine eindeutigen Antworten gibt. Es gab bereits verschiedene Versuche, die Leistung der „Besten" verschiedener Branchen zu messen und darauf basierend festzustellen, wo Gemeinsamkeiten liegen und wo Indizien für den Erfolg zu finden sind. Bei der Untersuchung namhafter Unter-nehmen wie Atari, Boing und Delta Airlines zeigt sich, dass der Erfolg letztlich auf Aussagen wie „waren dem Kunden nah", „werteorientier-tes Management", „führen Kultur ein, die alle Gruppen berücksich-tigt", „bemühen sich ständig um Werte", „Anerkennung und Würdi-gung" zurückzuführen ist.

Um dem Ausgangspunkt des Erfolgs auf die Spur zu kommen, lässt sich eine Aussage des US-amerikanischen Autors und Management-strategen Robert Waterman heranziehen, die er in seinem Buch „Die neue Suche nach Spitzenleistungen. Erfolgsunternehmen im 21. Jahr-hundert" von 1994 geäußert hat: Für ein Unternehmen, das eine Spit-zenposition einnehmen will, kann die Ausrichtung unabhängig von der Größe, der Branche oder seiner Geschichte nur einem gelten: DEM MENSCHEN! Obwohl Watermans Gesamtwerk heute an einigen Stel-len kritisch rezipiert wird, handelt es sich hierbei zweifelsfrei um ein Kernelement erfolgreicher Unternehmensführung.

Ein Unternehmen, das sich dem Menschen verpflichtet fühlt, wird seine Geschäftspolitik an den Bedürfnissen seiner Kunden und an den Erwar-tungen seiner Mitarbeiter ausrichten. Ein klarer Schlüssel zum Erfolg!

Umso erstaunlicher, dass die Erkenntnis, den Menschen als wichtigs-ten Wertschöpfungsfaktor in den Fokus zu stellen, im Unternehmens-alltag immer noch nicht überall praktiziert wird. Häufig wird den Menschen im Gegenteil sogar die wenigste Achtung entgegengebracht.

Managen Sie Ihr Human Sigma

Während sich die Qualität von Produktionsgütern meist einfach mes-sen und steuern lässt, gestaltet sich die Messung der Qualität der Ver-käufer schon schwieriger. Wie wollen Sie messen, wie die Begegnung zwischen dem Verkäufer und dem Kunden zu bewerten ist? An dieser Stelle und auch wenn es um Dienstleistungen geht, ist es daher erforderlich, Messgrößen einzusetzen.

Um – wie im Fall der Verkäufer – zwischenmenschliche Faktoren bewerten zu können, haben die drei Customer-Satisfaction-Experten John H. Flemming, Curt Coffman und James K. Harter die Human-Sigma-Methode entwickelt, eine Variante des eher prozesstechnisch ausgerichteten Six-Sigma-Ansatzes. Bei der Human-Sigma-Methode steht die Qualität der Begegnung zwischen Kunde und Mitarbeiter im Vordergrund. Dazu werden traditionelle und emotionale Indikatoren kombiniert, zum Beispiel die Gesamtzufriedenheit, die Wahrscheinlichkeit von Wiederholungskäufen, aber auch emotionale Faktoren wie Vertrauen, Integrität und Begeisterung. Für die Berechnung stehen validierte Formeln zur Verfügung.

Auch wenn Qualität damit in allen Bereichen messbar wird, bleiben dennoch Fragen offen wie „Wie lassen sich Schwankungen in der Servicequalität vermeiden?" oder „Wer misst die Anbahnungsqualität durch die Mitarbeiter bei potentiellen Kunden?"

Mit dem richtigen Netzwerk zum Kunden

Wie sieht es mit der Qualität Ihres eigenen Kontaktmanagements aus, sind Sie erfolgreich in der Kontaktanbahnung mit Kunden?

In der Regel können Sie als Unternehmen oder Mitarbeiter dann von einem erfolgreichen Kontaktmanagement sprechen, wenn Sie beziehungsweise Ihr Unternehmen über die richtigen Kontakte für fast jeden Bedarfsfall verfügen.

Ein wichtiger Weg dahin sind auch hier die richtigen Netzwerke. Dabei können Sie als Mitarbeiter sowie Ihr Unternehmen bei der Kundenfindung in der Regel von allen drei Netzwerktypen profitieren:

- Das operative Netzwerken umfasst eine Tätigkeit, die wir alle mehr oder minder betreiben: die Pflege der Personen, mit denen wir im unmittelbaren beruflichen oder privaten Umfeld zu tun haben, mit denen wir also zusammenarbeiten oder regelmäßig agieren. Dazu zählen persönliche Mitarbeiter, direkte Vorgesetzte, Kollegen und

Dienstleister oder Familienmitglieder, enge Freunde sowie Sport- und Freizeitkameraden.

- Das persönliche Netzwerken umfasst das Wirken in Institutionen, die der persönlichen Blickwinkelerweiterung und oft auch der persönlichen Weiterentwicklung dienen. Dazu gehört zum Beispiel der Kontakt zu Mitgliedern Ihres Yogakurses oder des Seminars, das Sie auf Antrag Ihres Unternehmens besuchen.

- Das strategische Netzwerken ist die aufwendigste Form und ausschließlich auf Ihre Zukunft im Geschäftsleben ausgerichtet. Hierfür sollten Sie alle Register professionellen Netzwerkens ziehen und die in den vorangegangenen Kapiteln thematisierten Regeln befolgen.

Meine Erfolgsformel für ein erfolgreiches BRM

Ob Kundenakquise oder allgemeiner Businesskontakt – es ist in den Kapiteln 1 bis 6 deutlich geworden, dass Netzwerken nur mit einer ganzheitlichen Betrachtungs- und Vorgehensweise in ein profitabel ausgerichtetes Kontaktmanagement mündet.

Das Zauberwort lautet „Business Relationship Management": Ursprünglich stammt der Terminus aus Nordamerika. Führende Unternehmen klagten darüber, dass die Informationstechnologie die Erwartungen hinsichtlich Lieferung, Leistung und Wertbeitrag nicht erfülle. Der Grund dafür war allerdings vielmehr die unzureichende Kommunikation.[17]

Business Relationship Management hat zum Ziel, den Kunden und die Gestalter der Geschäftsabläufe zu verstehen, um ein gutes Verhältnis zu etablieren und aufrechtzuerhalten. Und BRM unterstützt Initiativen zur Geschäftsentwicklung, indem Geschäftsverhältnisse identifiziert und kategorisiert werden. Ich nutze daher hier bewusst die Begrifflichkeit „Business Relationship Management", um meine eigene Methodik zu benennen und zu untermauern: Business Relationship Management für langfristig wertvolle Geschäftsbeziehungen.

Das reine Kontaktmanagement ist nur ein erster Baustein eines gründlich durchdachten und strategisch orientierten Business Relationship Managements.

Ich definiere BRM als den Prozess der Vorbereitung bereits vor der ersten Kontaktaufnahme mit dem potentiellen Kontakt bis hin zu den abschließenden Vertragsverhandlungen mit dem zufriedenen und erfolgreichen Kunden oder Geschäftspartner. Das schließt die unternehmensseitige Wertschätzung des Kunden mit ein, ohne die ein erfolgreich akquirierter Kunde sich nicht langfristig halten lässt.

Damit sind wir nun soweit, eine Art Checkliste erfolgreichen Business Relationship Managements zu entwickeln. In zehn Schritten können Sie daran Ihre eigene Networking-Qualität messen und testen, inwiefern Sie bereits BRM-orientiert agieren.

Die zehn Schritte für erfolgreiches BRM

1. Kundenpflege beginnt vor dem Auftrag.

2. Aktivieren Sie die richtige Einstellung, sehen Sie beim Erstkontakt nicht nur den Auftrag.

3. Nehmen Sie den Menschen im Kunden wahr.

4. Praktizieren Sie Wertschätzung und Engagement für seine Person.

5. Der Kunde kauft nicht Ihr Produkt oder Ihre Dienstleistung, er kauft Sie.

6. Demonstrieren Sie Verbindlichkeit.

7. Setzen Sie sich als Ziel, einen einmal gewonnenen Kunden immer als Kunden zu behalten.

8. Ihre Mitarbeiter sind das Schlüsselelement, die Botschafter Ihres Unternehmens.

9. Bringen Sie Ihren Mitarbeitern die gleiche Wertschätzung entgegen wie dem Kunden.

10. Leben Sie Wertschätzung gegenüber anderen im Unternehmensumfeld nach innen und außen.

Die Conclusio: Kontakte sind auch Menschen

Ausgangspunkt eines erfolgreichen Business Relationship Managements und damit Kern jeglichen Unternehmenserfolges ist also der Mensch. Ihre Persönlichkeit entscheidet über „No" oder „Go" – im zwischenmenschlichen und im Businessbereich. Der Hauptgrund, warum Ihr Kunde nur bei Ihnen „kaufen" möchte oder warum der Kollege mit Ihnen und nicht mit jemand anders zusammenarbeiten möchte oder warum Ihr Chef Sie einstellt und nicht den Konkurrenten, ist Ihre Person.

Schon Oscar Wilde wusste: „Persönlichkeiten, nicht Prinzipien bringen die Zeit in Bewegung." Was immer also Ihr Geschäft sein mag: Persönlichkeit ist gefragt. Ob Sie Immobilienmakler oder Controller sind, Geschäftsführer oder Sachbearbeiter – in irgendeiner Form unterscheiden Sie sich von Ihresgleichen, und das macht Sie aus. Beweisen Sie neben Sympathie auch Individualität! Dann ist es nur eine Frage der Zeit, wann der Kontakt zum Kunden wird.

Worin können Sie sich neben Ihrer fachlichen Kompetenz unterscheiden?

- Menschlichkeit
- Verbindlichkeit
- Aufrichtigkeit
- Einhaltung von Versprechen
- Höflichkeit
- Wertschätzung

Als Führungspersönlichkeit gilt es zudem zu bedenken: Nicht nur Sie interagieren mit möglichen Kunden, sondern auch Ihre Mitarbeiter. Diese fungieren als Botschafter Ihres Unternehmens und tragen das gleiche Selbstverständnis wie Sie. Nur Stimmigkeit im Verhalten von Ihnen und Ihrem Team ergibt ein authentisches, unverfälschtes Bild. Prägen Sie gemeinsam eine vorbildliche Kontaktkultur und pflegen Sie diese nach innen und außen.

Wie wichtig eine solche sein kann, zeigt uns die Berlusconi-Panne. Silvio Berlusconi läuft bei einem Wirtschaftsgipfel in Deutschland telefonierend mit dem Mobiltelefon umher, anstatt die Gastgeberin – Angela Merkel – zu begrüßen. Sie sagen, schlechte Manieren? In seiner Eigenschaft als Ministerpräsident greift dieser Rückschluss

zu kurz. Es könnte ebenso heißen: Italien besitzt schlechte Umgangs-
formen.

Jede Kontaktkultur ist Teil eines umfassenden Unternehmensleit-
bildes: die Basis der Corporate Identity. Sie vermittelt der Öffentlichkeit und den Stakeholdern, wofür das entsprechende Unternehmen
steht. Durch ein positiv formuliertes Leitbild wird also das Fundament
für eine positive Weiterentwicklung und Veränderung im Unternehmen geschaffen. Auch das ist bereits ein wichtiger Schritt in Richtung
eines erfolgreichen Business Relationship Managements – der vor der
Kontaktaufnahme mit dem potentiellen Kunden beginnt.

Der Unterschied zum Customer Relationship Management (CRM)

Der Begriff „Customer" drückt es bereits aus: In dieser Phase ist der
Kunde bereits zum Auftraggeber geworden. Zum Customer Relationship Management zählen ebenfalls Prozesse, die den Kunden betreffen und die Kundenbeziehung pflegen und ausbauen wie der Aufbau
von Contact Centern, Mailings, Bonuspunktesysteme und vieles mehr.
Beim CRM wird viel später im zeitlichen Ablauf der Kundenbeziehung
angesetzt als beim BRM, das sich gerade durch die frühe Aktionsphase
auszeichnet.

Während klassische Marketingmaßnahmen auf Zielgruppen standar-
disiert angewendet werden, ist das Vorgehen beim Business Relationship Management auf den Auf- und Ausbau der persönlichen Beziehung ausgerichtet und erfolgt individuell. Der Faktor Mensch steht
im Vordergrund.

> BRM versteht sich kontinuierlich als Begleitung aller Marketing-
> und Vertriebsmaßnahmen.

BRM at work: Einige Praxisbeispiele

Im Folgenden möchte ich Ihnen zeigen, wie unterschiedlich und auch
wie vielschichtig die Projekte sind, die im Alltag an mich als Bera-
terin im Bereich Business Relationship Management herangetragen
werden.

Projekt 1: Unternehmensberatung – Kontaktanbahnung bei High Potentials

Sachlage

Eine weltweit agierende Unternehmensberatung legt die Verantwortung für das Kontaktmanagement stärker in die Hände der Mitarbeiter im Management.

Ziel

Neben der professionellen Darstellung des Unternehmens geht es auch um konkrete Nachfolgegespräche zur Geschäftsanbahnung. Die Vorgabe: Kein Massengeschäft zu generieren, sondern hochwertige Kontakte anzubahnen.

Herausforderung

Bisher ist das Team immer erst im operativen Geschehen mit der Zielgruppe in Kontakt gekommen. Jetzt steht die Zielgruppe im Fokus einer möglichen Geschäftsanbahnung. Geplant ist, die neue Vorgehensweise erstmalig auf dem größten branchenspezifischen Symposium umzusetzen.

Aufgabenstellung

Zur Unterstützung des Teams wird ein im Vorfeld des Events stattfindender Impulsvortrag festgelegt, der eine Sensibilisierung und Motivation beim Team erreichen soll. Im nächsten Schritt werden die Mitarbeiter auf dem Symposium gecoacht.

Damit das Team zukünftig in allen kommunikativen und kontaktintensiven Situationen erfolgreich handelt und mehr Sicherheit auf diesem Gebiet erlangt, werden zudem regelmäßige Trainingsmodule integriert.

Leistungen

- Die Entwicklung der argumentativen Grundlagen für die Zielgruppe. Basis hierfür bilden Informationen des Unternehmens und die bereits im Vorfeld stattgefundenen Gespräche.

- Die Entwicklung der Systematik des Erstgesprächs in komprimierter Form.

- Training und Coaching des Teams im Vorfeld sowie die professionelle Unterstützung und das Coaching der Teilnehmer während der Veranstaltung.

- Tipps für Gesprächstaktiken im Allgemeinen und für die jeweilige Zielgruppe im Besonderen.

Hintergrund

Für das Unternehmen bedeutet die Neuerung einen Paradigmenwechsel: Die Schulung unterstreicht die geänderte Eigenverantwortung bei der strategischen Kundenorientierung und impliziert die Verantwortung des einzelnen Mitarbeiters beim Auf- und Ausbau von erfolgsbringenden Netzwerken.

Gleichzeitig geht es um eine allgemeine Optimierung des Verhaltens im Umgang mit bestehenden und potentiellen Kunden. Die Inhalte werden beim Pilotprojekt entwickelt und an die kommenden Bedürfnisse und Erfordernisse angepasst.

Erfolg

Durch den Impulsvortrag wurde das Team umfassend informiert und gebrieft. Für die meisten war es ein besonderes Erlebnis festzustellen, was Business Relationship Management in der Theorie bedeutet und wie einfach es in der Praxis gelebt werden kann.

Als Impulsgeberin konnte ich für das Unternehmen 15 sehr gute Kontakte in der Branche anbahnen und an die entsprechenden Partner weitergeben. Durch Kurzcoachings für einzelne Mitarbeiter wurden zudem Schwachstellen entdeckt, und die Gespräche optimierten das Verhalten für die nächsten Veranstaltungstage.

Durch die Präsentation auf dem Symposium wurde zudem der Anfang dafür gemacht, Business Relationship Management als festen Baustein im Marketingportfolio des Unternehmens zu etablieren.

Projekt 2: Kooperationsmanagement Finanzbereich

Hintergrund

Mit einem Bestand von mehr als 4,5 Millionen Kunden zählt die Bank zu den zehn größten Kreditkartenherausgebern in Europa und ist Marktführer in den Benelux-Ländern. Das Unternehmen ist ausschließlich auf den Vertrieb und die Vermarktung von Kreditkarten spezialisiert. Der Schwerpunkt der Geschäftigkeit liegt im Bereich der Kundenkarten, die individuelle Leistungen speziell für die Kunden der Partnerunternehmen umfassen.

Herausforderung

Deutschland gehört nicht zu den klassischen Kreditkartenmärkten. Zudem besitzt die Kreditkarte, die in diesem Fall als Kundenkarte entwickelt wird, bislang auf der Projektliste des betreffenden Unternehmens nicht oberste Priorität. Dennoch ist ein großes Potential vorhanden, da in Deutschland aktuell etwa nur 22 Millionen Kreditkarten in Umlauf sind.

Vorgehensweise

Definition des geeigneten Partnerunternehmens:

Zuerst werden Unternehmen definiert und ermittelt, die als Kooperations- oder Co-Branding-Partner in Frage kommen. Meist handelt es sich hierbei um Unternehmen, deren Stammkunden über eine starke Bindung zum Unternehmen verfügen. Die neu entwickelte Kreditkarte stellt für die Firma dann ein hervorragendes Kundenbindungstool dar und ist durch die Präsenz in der Geldbörse ein wertvoller Erinnerungs- und Imageträger.

Ermittlung eines kompetenten Ansprechpartners:

Schon die Ermittlung des passenden Ansprechpartners innerhalb des Unternehmens stellt eine Herausforderung dar und dauert oft Wochen, bis Sie mit ihm persönlich sprechen können. Nicht selten gibt es nur Zentral-Telefonnummern, so dass der Ansprechpartner selbst bei intensiver Recherche nicht im Vorfeld ermittelt werden kann. Hier hilft ein Türöffner.

Das Erstgespräch:

Hat man den richtigen Ansprechpartner erreicht, muss er bereits beim Ersttelefonat so weit für das Produkt begeistert werden, dass es ihn selbst oder den Vorgesetzten neugierig macht und er mehr Informationen haben möchte, zum Beispiel in Form einer Präsentation oder im besten Fall eines persönlichen Erstgesprächs.

Die Folgegespräche:

Oft dauert die Erstgesprächsanbahnung bis zu einem Jahr. Bis in diesem speziellen Segment die Folgegespräche mit Vertragsverhandlungen erfolgreich abgeschlossen sind, braucht es nicht selten mehr als 18 Monate. Also sind Geduld und vor allem die richtige Portion Nachhaltigkeit gefragt!

Erfolg

Trotz einer äußerst schwierigen Marktsituation in einem nicht sehr prominenten und stark umkämpften Markt wurden mehr als 20 Gespräche bei High Potentials in weniger als zwölf Monaten initialisiert und im Zeitraum von 15 Monaten konnten bereits fünf langfristige Kooperationspartner gewonnen werden.

Projekt 3: Die Spezialität – Lobbying

Einer der erfolgreichsten Stress- und Burnout-Präventoren in Deutschland benötigt Lobbyarbeit.

Aufgabenstellung

Ein bekannter Coach, der auch als Autor, Trainer und Redner fungiert, plant, mit meiner Hilfe gezielt Lobbyarbeit bei Veranstaltungen zu initialisieren.

Herausforderung

Zuerst müssen alle marketingtechnischen Grundlagen überarbeitet werden, damit auf allen Ebenen Professionalität gezeigt werden kann. Gleichzeitig werden kreative Ansätze entwickelt, etwa dazu, wie mögliche Kunden soweit interessiert werden können, dass der erste Schritt für das Kontaktmanagement gemacht werden kann.

Vorgehensweise

Ich begleite den Redner über einen festgelegten Zeitraum zu allen relevanten Vorträgen, um vor Ort die Tür zu entscheidenden, im Vorfeld gemeinsam festgelegten Multiplikatoren und potentiellen Kunden zu öffnen (Lobbyarbeit). Auf elegante Art und Weise führe ich die Menschen zusammen, die bisher keinen Zugang zueinander gefunden haben.

Exkurs: Lobbying im BRM

Der aus dem Englischen entlehnte Begriff „Lobbying" ist eine Bezeichnung für die aktive Interessenvertretung in der Politik. Hierbei wird versucht, die Meinungen von Persönlichkeiten oder der Öffentlichkeit durch persönliche Kontakte zu beeinflussen. Lobbyarbeit im Business Relationship Management versucht hingegen, organisierte Interessen einzig für die betreffende Person – in der Regel im Wirtschaftsbereich – zu erzielen. Ziel ist, die Person konkret ins Gespräch zu bringen.

Deutlich abzugrenzen ist das Lobbying im BRM vom häufig negativ besetzten Lobbyismus, der wegen seiner manchmal bis zur Korruption reichenden Einflussnahme häufig als fünfte Gewalt bezeichnet wird.

Legal und mit seinem altmodischen Klang ausgesprochen charmant ist dagegen der Begriff „Antichambrieren" (abgeleitet von französisch „antichambre" = Vorzimmer). Gemeint ist das lange Warten oder auch das mehrmalige Vorsprechen im Vorzimmer höhergestellter Persönlichkeiten oder Behörden. Ob englisch oder französisch: Erfolg braucht eine starke Lobby!

In der Vorbereitung werden hierfür alle in Frage kommenden Veranstaltungen gescreent und mögliche Kontaktpersonen auf ihr Potential für meinen Kunden hin gecheckt. Dann werden alle öffentlich verfügbaren Informationen zu den ausgewählten Personen eingeholt.

Erfolg

Auf der ersten gemeinsam besuchten Veranstaltung wurde bereits der Weg zu fünf hochkarätigen Persönlichkeiten aus namhaften Unternehmen geebnet. Das Ergebnis waren nicht nur Erstgespräche, sondern auch verschiedene Nachfolgegespräche und Erstaufträge.

Gleichzeitig wurde ein Studiengang zum Thema meines Kunden an einer Privatuniversität ins Leben gerufen, bei dem er als Dozent eingesetzt wird.

Fazit: BRM hat viele Facetten

BRM erfordert Kreativität und nutzt vielfältige Wege und Methoden – keine Projektarbeit ist wie die andere. Es geht beim Business Relationship Management vor allem um die individuelle Beratung, Projektierung und Umsetzung – denn jeder Kunde ist anders, jede Aufgabenstellung ein Unikat. Lösungen von der Stange werden Sie beim BRM nicht finden. Die Konzepte sind extra zugeschnitten auf Personen, Zielgruppen, Unternehmen und das Umfeld. Von hochwertigem Kontaktmanagement, das konkret auf Lobbyarbeit für einzelne Personen ausgerichtet ist, bis hin zu Aufgabenstellungen, bei denen umfassende Marketinggrundlagen erst geschaffen werden müssen, damit die Vermarktung und Lobbyarbeit sauber umgesetzt werden kann – die Bandbreite und die Methodenvielfalt sind enorm, wie der kleine Überblick in diesem Buch bereits andeutet.

COACHING-CHECKLISTE
Managen Sie die Kontaktkultur in Ihrem Unternehmen?

⊃ Wie gestaltet sich in Ihrem Unternehmen der Akquisitions-prozess?

⊃ Wann und wo setzt in Ihrem Unternehmen der Prozess zur Kundenpflege ein?

⊃ Ist Ihren Mitarbeitern bewusst, dass sie „Botschafter" Ihres Unternehmens sind?

⊃ Wie schulen Sie Ihre in direktem Kundenkontakt stehenden Mitarbeiter darin, den Menschen im Kunden zu sehen und ihn entsprechend zu behandeln?

⊃ Wenn ich eine Umfrage bei Ihren Kunden machen würde, welche Antwort bekäme ich auf die Frage: Fühlen Sie sich als Kunde wertgeschätzt?

⊃ In welchen Abständen und in welcher Form werden ehemalige Kunden von Ihnen oder Ihren Mitarbeitern kontaktiert?

⊃ Kennen Sie die Lieblingsbeschäftigung Ihrer Kunden?

⊃ Haben Sie einem Kunden schon einmal zur Einschulung seines Kindes gratuliert?

⊃ Woran erkennen Ihre Mitarbeiter, dass im Unternehmen ein wertschätzender Umgang praktiziert wird?

9 Aus der Praxis:
Erfolgreiche Unternehmer berichten

„Lang ist der Weg durch Lehren, kurz und wirksam durch Beispiele", meint der römische Philosoph und Staatsmann Lucius Annaeus Seneca. In diesem Sinne lasse ich am Ende meines Buches einige Persönlichkeiten zu Wort kommen, die als gestandene Geschäftsführer und Vorstände wissen, welche erfolgsrelevante Rolle die richtige Kontaktpflege spielt. Auf den Punkt gebracht: In den passenden Kontakten sehen sie die Basis ihres geschäftlichen Erfolgs.

Die erfolgreichen „Kontaktmanager" haben mir sieben Fragen über ihre Netzwerkerfahrungen intuitiv beantwortet und geben dabei ihre Tipps und Erfahrungen weiter.

Das Interessante an ihren Antworten: Sie arbeiten beim Netzwerken mehr oder weniger unbewusst mit Strategien, die wir in den vorangegangenen Kapiteln ausführlich vorgestellt haben. Um nur einige zu nennen:

- Sie legen Wert auf eine originelle Ansprache – möglichst zu Themen, die die Zielperson interessieren oder die ihr von Nutzen sein könnten.

- Sie gehen mit ehrlichem Interesse auf ihr Gegenüber zu und vertiefen den Kontakt unter anderem, indem sie uneigennützig in Vorleistung treten.

- Sie schätzen Veranstaltungen, um persönlichen Kontakt zu Zielpersonen aufzunehmen, sind aber auch auf Online-Plattformen unterwegs.

Aber ist der Auf- und Ausbau eines lebendigen und wachsenden Netzwerks wirklich reine Chefsache? Auch hier erhalten wir eine klare Antwort: Nein, denn auch Mitarbeiter sollten angeregt und dabei unterstützt werden, erfolgreich zu netzwerken. Denn Netzwerken lässt sich lernen. Und ist der erste Anstoß – sei es durch dieses Buch, ein Seminar oder Coaching – erst einmal gegeben, wird das Kontaktmanagement in vielen Fällen zum Selbstläufer.

Lassen Sie sich also inspirieren!

Volker Göbel

Geschäftsführer/Managing Director
Andreas Maier GmbH & Co. KG

1. Was bedeutet für Sie Netzwerken?

Jeder von uns ist ständig dabei, im beruflichen wie auch im privaten Bereich Kontakte zu knüpfen, zu pflegen und neue Leute kennenzulernen. Schon dies kann man unter dem Begriff „Netzwerk" zusammenfassen.

Ein professionelles „Netzwerken" entsteht dann, wenn diese Art der Kontaktanbahnung und -pflege in gesteuerten Bahnen abläuft und speziell im beruflichen Bereich im Hinblick auf das persönliche Interesse sowie das Interesse der Firma eingesetzt wird.

2. Halten Sie sich für einen erfolgreichen Netzwerker?

Erfolgreich ist man dann, wenn man sein Netzwerk kontrollieren kann. Ziel einer Unternehmenspräsentation ist es, die Firma für Interessierte in den Netzwerken gut zu platzieren, Neuigkeiten auszutauschen und Diskussionen zuzulassen. Den Erfolgsfaktor für AMF können wir daran festmachen, dass unsere Kunden dies positiv honorieren und wir keine schlechten Erfahrungen mit negativen Einträgen oder Kommentaren haben. Bei persönlichen Einträgen ist es wichtig, präsent zu sein, gezielt Kontakte zu knüpfen und die eigenen Interessengebiete und die der Firma zu kanalisieren. Den Erfolg sehe ich darin, dass dies gelingt, ohne ständig in den Netzwerken online zu sein und den Zeit- und Nutzenaufwand gut auszubalancieren.

3. Was empfehlen Sie anderen Unternehmen, um ein erfolgreiches Netzwerk aufzubauen?

Ich würde jedem Unternehmen empfehlen, als ersten Schritt die namhaften Plattformen zu nutzen. Am Anfang sollte man dies gar nicht unbedingt delegieren. Vielmehr sollte man sich persönlich als Administrator direkt am Geschehen beteiligen, um ein Gefühl dafür zu bekommen. Ebenso wichtig ist der Paralleltest auf verschiedenen Hardware-Plattformen, wie zum Beispiel Apple-Endgeräten, Android-Endgeräten und dem Web selbst, um einen Einblick in die verschiedenen Darstellungsarten und die Benutzung der Endgeräte zu bekommen.

4. Wie gehen Sie vor, wenn Sie jemanden kennenlernen möchten?

Der klassische Weg ist für mich nach wie vor der gezielte Anruf. Parallel dazu nutze ich immer häufiger die Kontaktaufnahme über verschiedene Netzwerke oder nutze vorher eine Gruppenmitgliedschaft, um dann über dieses Thema den Kontakt anzubahnen.

5. Erinnern Sie sich an eine besonders originelle Form der Kontaktaufnahme, sei es in der Rolle als Zielperson oder als Kontaktsucher?

Die für mich originellste Form der Kontaktaufnahme war eine Postkarte, auf der weder ein Kontaktname noch eine Firmenadresse angegeben war. Der einzige Hinweis war eine Internetadresse, die zu einem Netzwerkprofil geführt hat. Die Postkarte war so originell gestaltet, dass es mich gereizt hat zu sehen, wer dahintersteckt. Es hat sich ein toller Kontakt entwickelt, der für uns bis heute gewinnbringend ist.

6. Wie würde ich bei Ihnen einen Termin bekommen?

Für mich steht klar der Nutzen im Vordergrund. Egal, ob klassischer schriftlicher Kontakt, Anruf oder Kontakt über ein Netzwerk, es muss letztendlich zum Aufgabenfeld beziehungsweise zum aktuellen Interesse passen. Eine originelle Form der Ansprache wird immer zum Erfolg führen, ebenso wie eine Anfrage, die genau zu aktuellen Aufgaben und Fragestellungen passt. Sind diese Voraussetzungen gegeben, so steht einem Termin nichts mehr im Wege. Alle anderen klassischen Verkaufsanfragen werden nicht zum Ziel führen.

7. Wen würden Sie gern persönlich kennenlernen?

Die Personen, die ich gerne persönlich kennenlernen möchte, schreibe ich direkt in meinen Netzwerken an und habe bisher immer Erfolg gehabt.

Jürgen Frey

Vertriebs- und Marketingleiter
tempus. GmbH

1. Was bedeutet für Sie Netzwerken?

- Gute Kontakte
- Freundschaftliche Kommunikation
- Wertvolle Tipps und Anregungen von erfahrenen Profis
- Eine schnelle Möglichkeit, mit genau den richtigen Menschen zum richtigen Thema zur richtigen Zeit zusammenzukommen
- Eine Investition in die Geschäfte von morgen

2. Halten Sie sich für einen erfolgreichen Netzwerker?

Ja, ich halte mich für einen guten Netzwerker, weil ich folgende Dinge beherzige:

Google Alerts: Ich gebe den Namen der Personen in Google Alerts ein, mit denen ich gerne in Kontakt stehen möchte. Das System informiert mich darüber, ob und wann es neue Infos zu dieser Person gibt, zum Beispiel, dass die Person ein Tennisturnier gewonnen hat. Jetzt kann ich mich bei der Person melden und ihr zu diesem Sieg gratulieren. Eine entspannte, freundschaftliche Art, miteinander in Kontakt zu treten.

Clipping: Nehmen wir an, einer meiner Kunden interessiert sich besonders für Regattasegeln am Bodensee. Ich weiß davon und schicke ihm immer mal wieder interessante Artikel, Studien etc., die mir zufällig in die Hände gefallen sind. Auch das ist eine Form des freundschaftlichen Netzwerkens.

Betriebsbesichtigungen: In unserer Firma laden wir gerne Kunden etc. dazu ein, unsere Firma zu besuchen und eine Betriebsbesichtigung zu machen. So haben wir die Gelegenheit, mit den Menschen persönlich und von Angesicht zu Angesicht zu sprechen.

3. Was empfehlen Sie anderen Unternehmen, um ein erfolgreiches Netzwerk aufzubauen?

- Baue eine Kommunikationsstrategie auf.

- Überlege dir, was du dem Kunden wann Gutes tun kannst. Zum Beispiel nach einem Autokauf einmal jährlich zum Geburtstag des Autos „Cockpit-Pflegespray" als Geschenk verschicken, handgeschriebene Geburtstags- oder Weihnachtsglückwünsche, eine Einladung zum Sommerfest.

4. Wie gehen Sie vor, wenn Sie jemanden kennenlernen möchten?

- Infos einholen, zum Beispiel über die Xing-Seite, denn hier steht oftmals, wofür sich die Person interessiert.

- Einen möglichst uneigennützigen Gefallen tun, zum Beispiel Clipping (siehe auch Frage 2).

- Hier gilt das Gesetz der Reziprozität: Menschen haben ein tiefes (unbewusstes) Bedürfnis, alles zurückzugeben, was man für Sie getan hat.

5. Erinnern Sie sich an eine besonders originelle Form der Kontaktaufnahme, sei es in der Rolle als Zielperson oder als Kontaktsucher?

Ich habe mal von einem Bewerbungsschreiben gehört, dem ein großes Paket beigefügt war. In dem Paket befand sich ein großer Stein. In dem dazugehörigen Bewerbungsschreiben stand passend dazu: „Dieser Stein würde mir vom Herzen fallen, wenn ich mich bei Ihnen persönlich vorstellen dürfte."

6. Wie würde ich bei Ihnen einen Termin bekommen?

Ganz einfach: anrufen, eine E-Mail schreiben oder mich über ein soziales Netzwerk wie Xing kontaktieren. Ganz wichtig hierbei: Sagen Sie mir direkt bei der Kontaktaufnahme, worum es geht und welchen Nutzen ich davon habe. Je konkreter die Kontaktaufnahme ist, desto einfacher ist es auch, miteinander umzugehen.

7. Wen würden Sie gern persönlich kennenlernen?

Sie, denn das Projekt klingt so spannend, da würde ich gerne mitmachen.

Bernd Kussmaul

Geschäftsführer
Bernd Kussmaul GmbH

1. Was bedeutet für Sie Netzwerken?

- Offene, direkte Kommunikation
- Konzentration auf Kernkompetenzen
- Vertrauen
- Zuverlässigkeit
- Aktive Teilnahme
- Know-how
- Transfer
- Synergien
- Gedankenaustausch
- Schnelle, kurze Lösungswege
- Partnernetzwerk in allen Bereichen
- Nicht im Vordergrund stehen

2. Halten Sie sich für einen erfolgreichen Netzwerker?

Ja, 3 x Top-100-Unternehmen mit verschiedenen Netzwerkpartnern, Gastgeber im TOP-Programm, Vorstand im VDC Kompetenzzentrum, IHK-Mitglied Bezirkskammer, Vorstand Förderverein: Fa. Kussmaul ist ein sehr gutes Netzwerk, das über Jahre gewachsen ist.

3. Was empfehlen Sie anderen Unternehmen, um ein erfolgreiches Netzwerk aufzubauen?

- Aufbau von Vertrauen (gegenseitig)

- Konzentration auf Kernkompetenzen

- Aktives Einbringen beziehungsweise Anwenden von Netzwerktechnologien

- Offene, direkte Kommunikation

- Technologietransfer in allen Bereichen nutzen

4. Wie gehen Sie vor, wenn Sie jemanden kennenlernen möchten?

- Gezielte Teilnahme an TOP-Veranstaltungen oder Fachkongressen oder Wettbewerben

- Ansprache der Zielperson, zum Beispiel nach dem Vortrag

- Zum Beispiel Einstieg über Technologie-Know-how beziehungsweise Referenzprojekte

- Überzeugen mit Know-how, Witz, Charme und Schlagfertigkeit

5. Erinnern Sie sich an eine besonders originelle Form der Kontaktaufnahme, sei es in der Rolle als Zielperson oder als Kontaktsucher?

Porsche-Chef (Ex) Wiedeking, anlässlich einer Auszeichnung für seine Verdienste für Stuttgart. Durch geschicktes Taktieren war es mir möglich, mit ihm alleine eine sehr lange Rolltreppe zu fahren. Über seine Vorlieben für Zigarren kamen wir in ein intensives Gespräch, was mit einem Gesprächstermin beim Technikvorstand endete.

6. Wie würde ich bei Ihnen einen Termin bekommen?

- Pfiffiges, kreatives Anschreiben

- Präsentation einer neuen Technologie

- Weiterempfehlung, zum Beispiel durch einen Netzwerkpartner

- Besuch und Ansprache auf einer Messe

7. Wen würden Sie gern persönlich kennenlernen?

Altkanzler Helmut Schmidt und Bundeswirtschaftsminister Rösler.

Dr. Jörg Klukas

Geschäftsführer
pludoni GmbH

1. Was bedeutet für Sie Netzwerken?

Netzwerken bedeutet für mich geschäftlicher Erfolg. Unsere Empfehlungs-Communities ITsax.de, ITmitte.de und MINTsax.de, die wir als pludoni GmbH betreiben, haben einen komplexen Ansatz. Die teilnehmenden Unternehmen empfehlen sich hier gegenseitig gute Bewerber, die man zurzeit leider nicht selbst einstellen kann. Neue Partner für das Empfehlungsnetzwerk zu finden, erfolgt zu einem sehr hohen Anteil durch die Mund-zu-Mund-Propaganda der bereits teilnehmenden 160 Organisationen. Empfehlungen durch ein gutes Netzwerk öffnen die Türen deutlich schneller.

2. Halten Sie sich für einen erfolgreichen Netzwerker?

In den vergangenen drei Jahren habe ich circa 700 Kontakte für unsere Empfehlungs-Communities zum Beispiel über Xing und Facebook aufgebaut. Angefangen habe ich mit 16 Partnern für ITsax.de in Ostsachsen und in der IT-Branche. Später kam dann ITmitte.de mit 18 Gründungsmitgliedern dazu für Thüringen und Sachsen-Anhalt. Seit Mai 2011 empfehlen sich heute schon 36 Maschinenbau- und Elektrotechnik-Unternehmen auf MINTsax.de gegenseitig gute Bewerber. Bei der Kontaktanbahnung mündeten 300 Kontakte in persönliche Vorstellungen und Gespräche. 160 Organisationen mit einem bis drei Ansprechpartnern sind heute meine Kunden und Partner. Die meisten Neukunden sind dabei über bestehende Kontakte zustande gekommen. Die gegenseitige Empfehlung ist nicht nur unser Geschäftsmodell, sondern auch unser Geschäftserfolg.

3. Was empfehlen Sie anderen Unternehmen, um ein erfolgreiches Netzwerk aufzubauen?

In erster Linie benötigt man gute Inhalte, die man über ein Netzwerk anbieten kann und für die es sich für den anderen lohnt, einen Kontakt zu bestätigen und regelmäßig aufzufrischen. Der Einsatz des Web 2.0 ist dabei ein echter Katalysator. Netzwerke wie Xing, Facebook, LinkedIn geben einem die Möglichkeit, einerseits immer seine Kontaktdaten aktuell zu halten und andererseits sich über die Inhalte der Kontakte regelmäßig zu informieren. Empfehlungsmechanismen auf diesen Netzwerken machen es sehr leicht, Kontakte zwischen den Mitgliedern auch zueinander zu empfehlen beziehungsweise vorzustellen. Das führt zu einem zweiten wichtigen Netzwerkpunkt: sich für die Inhalte der anderen interessieren und echten Mehrwert/Feedback zurückgeben – natürlich mit dem eigenen Geschäft verknüpfend. Auch wenn ein Kontakt nicht gleich einen Vertrag abschließt, informieren wir diesen aber regelmäßig über Updates aus unseren Communities zur gegenseitigen Fachkräfteempfehlung.

4. Wie gehen Sie vor, wenn Sie jemanden kennenlernen möchten?

Hier kommt es auf das Umfeld an. Wenn ich auf einer Messe oder Veranstaltung bin und sehe, dass dieser Kontakt da ist, dann versuche ich es gleich vor Ort. Wenn dann noch jemand dabei ist, der schon Partner in einer unserer Communities zur gegenseitigen Bewerberempfehlung ist und der meinen Wunschkontakt kennt, bitte ich diesen, mich vorzustellen beziehungsweise zu empfehlen. Wenn ich online recherchiere, dann greife ich zuerst auf Xing, LinkedIn und dann Facebook zu. Ich stelle mich dann dort direkt vor. Entweder erst einmal mit einem Anschreiben oder gleich per Kontaktanfrage. Hilfreich ist dabei: Wenn ich sehe, dass dieser neue Kontakt bereits einen unserer Partner/Kunden kennt, teile ich das auch so in meinem Anschreiben mit. Mein Wunschkontakt kann dann gleich mal nachfragen und sich eine Empfehlung abholen.

5. Erinnern Sie sich an eine besonders originelle Form der Kontaktaufnahme, sei es in der Rolle als Zielperson oder als Kontaktsucher?

Als ich begann, mich selbständig zu machen, habe ich schnell gelernt, dass ich das Netzwerk meiner Kunden nutzen muss. Jede Akquisition beende ich daher immer mit: „Wenn Sie Partner oder Zulieferer aus unserer Region haben, helfen Sie uns bitte, diese für unsere Empfehlungs-Communities zu begeistern. Empfehlen Sie uns bitte direkt. Jedes weitere Unternehmen bringt seine guten Absagen, gute Fachkräfte, die man leider zurzeit selber nicht einstellen kann, in unser Empfehlungsnetzwerk ein und hilft damit letztendlich Ihnen, Ihre offenen Fachkräftestellen zu besetzen."

6. Wie würde ich bei Ihnen einen Termin bekommen?

Am besten ist es, mich über Xing anzuschreiben. Anliegen kurz darstellen und was Interessantes bieten, so dass ich Lust habe, mehr davon zu erfahren. Mir ist also wichtig, dass man sich vorher schon einmal auf www.ITsax.de, www.ITmitte.de oder www.MINTsax.de umgeschaut hat. Wenn ich sehr interessiert bin, bestätige ich auch gern eine Kontaktanfrage, sonst bleibt erst mal nur der Nachrichtentausch. Der Vorteil gegenüber einer E-Mail ist, dass man im ersten Schritt nur einen Kontakt aufbaut und nicht gleich ein Produkt mit allen Vorteilen verkaufen muss. Man macht sich eigentlich erst einmal als Person interessant. Man liefert schließlich gleich sein Profil mit.

7. Wen würden Sie gern persönlich kennenlernen?

Ich suche Kontakt zu Personalern mit Schwerpunkt HR-Marketing und Recruiting aus ganz Deutschland und verschiedenen Branchen. Diese sollten sich vorstellen können, gute Bewerber, die man leider zurzeit selbst nicht einstellen kann, an andere Unternehmen aus der gleichen Region/Branche zu empfehlen, statt diesen nur abzusagen. Das hat zwei Vorteile: Erstens hat man die Chance, sich als guter Arbeitgeber durch eine gute Tat bei der jeweiligen Fachkraft zu platzieren und damit sein Employer Branding zu verbessern. Zweitens kann man dadurch Fachkräfte an die Region binden. Mir war es immer lieber, dass gute Fachkräfte zu Partnern oder Wettbewerbern in meiner Region gehen, so bleiben sie insgesamt für unseren Arbeitsmarkt verfügbar – und man sieht sich immer zweimal im Leben.

Torsten Ratzmann

Vorstand Produktion und Logistik
HARTING Technologiegruppe

1. Was bedeutet für Sie Netzwerken?

Der Aufbau von Kommunikationsverbindungen, um sich breit gefächert auf die Erfahrungen und Expertisen von Fachleuten zu stützen. Dies hilft in der zunehmend komplexeren Arbeitswelt, die richtigen Entscheidungen zu treffen.

2. Halten Sie sich für einen erfolgreichen Netzwerker?

Ich versuche, ein umfangreiches Netzwerk aufrechtzuerhalten und auszubauen. Der Wunsch, über den Tellerrand zu sehen und dabei immer wieder auf interessante Menschen zu treffen, ist für mich nicht nur Verpflichtung, sondern auch Vergnügen.

3. Was empfehlen Sie anderen Unternehmen, um ein erfolgreiches Netzwerk aufzubauen?

An Programmen wie TOP teilzunehmen, um zu sehen und zu erleben, was andere Unternehmen tun, um im Wettbewerb zu bestehen. Dabei sollte man durchaus branchenübergreifend unterwegs sein: „Nicht kopieren, sondern kapieren."

4. Wie gehen Sie vor, wenn Sie jemanden kennenlernen möchten?

Für mich gibt es hierzu zwei Möglichkeiten:

• Direkte Ansprache durch ein Anschreiben oder Telefonat.

• Teilnahme an einer Veranstaltung, an der die Person, am besten als Referent, teilnimmt.

5. Erinnern Sie sich an eine besonders originelle Form der Kontaktaufnahme, sei es in der Rolle als Zielperson oder als Kontaktsucher?

Nein.

6. Wie würde ich bei Ihnen einen Termin bekommen?

Indem Sie entweder mit einer interessanten Fragestellung an mich herantreten oder um Hilfe bitten, die ich auch leisten kann – und natürlich als Mitarbeiter des Unternehmens.

7. Wen würden Sie gern persönlich kennenlernen?

Dieter Nuhr.

Torsten Bethke

Geschäftsführer
Treichel Elektronik GmbH

1. Was bedeutet für Sie Netzwerken?

Das Austauschen, Aufnehmen und Weitergeben von Herausforderungen, Lösungen und Informationen zu Fragestellungen in der heutigen Zeit und Zukunft.

2. Halten Sie sich für einen erfolgreichen Netzwerker?

Ich halte mich für einen erfolgreichen Netzwerker, weil ich Lösungsangebote, Informationen und Fragestellungen bekomme, die noch nicht allgemein zugänglich sind. Somit können zum Beispiel zukünftige Marktreaktionen eher erkannt werden und somit kann agiert anstatt reagiert werden.

3. Was empfehlen Sie anderen Unternehmen, um ein erfolgreiches Netzwerk aufzubauen?

Die Unternehmen sollten offen agieren und nicht nur Geschäftsführer oder Abteilungsleiter zum Networken schicken, sondern auch Mitarbeiter Kontakte pflegen lassen.

4. Wie gehen Sie vor, wenn Sie jemanden kennenlernen möchten?

Ich suche als erstes die entsprechende Person im Internet. Wenn sie in einem der sozialen Netzwerke wie zum Beispiel Xing eingetragen ist, wird eine Kontaktaufnahme angestoßen. Ansonsten über Veranstaltungen beziehungsweise telefonische Ansprache.

5. Erinnern Sie sich an eine besonders originelle Form der Kontaktaufnahme, sei es in der Rolle als Zielperson oder als Kontaktsucher?

Ein Bereichsvorstand von Siemens wollte die Meinung der Mitarbeiter erfahren und hat auf der Treppe beim Hochgehen sehr angenehm die Personen angesprochen und Fragen gestellt sowie Antworten gegeben.

6. Wie würde ich bei Ihnen einen Termin bekommen?

Über soziale Netzwerke beziehungsweise einfach über das Telefon.

7. Wen würden Sie gern persönlich kennenlernen?

Angela Merkel.

Nachwort

Ich hoffe, dass unsere gemeinsame Reise durch die Welt des Networkings auch Ihr persönliches Kontaktmanagement um einige Tipps und Anregungen bereichern konnte. Wenn ich nur einige „Rädchen" in Ihrem Kopf verändert habe und Sie dadurch ab jetzt nicht nur offener und unkomplizierter, sondern auch wertschätzender mit Ihren Gesprächspartnern umgehen können, dann hat sich das Schreiben dieses Buches mehr als gelohnt.

In diesem Sinne wünsche ich Ihnen viele nachhaltige Kontakte und erfolgreiche Kundenbeziehungen!

Und wenn Sie Fragen zum Thema haben oder vielleicht ganz zufällig eine Testperson für die nächste Kontaktanbahnung benötigen: Zögern Sie nicht, ich stehe Ihnen jederzeit gern für Rat und Tat zur Seite.

Ihre Barbara Liebermeister

Dankeschön ...

Ich möchte mich recht herzlich bei allen Interviewteilnehmern bedanken, die in Kapitel 9 aus ihrem Unternehmensalltag berichteten und es dadurch ermöglichten, weitere Blickwinkel aus der Praxis zu erhalten: bei Dr. Klukas, Geschäftsführer der pludoni GmbH, Herrn Ratzmann, Vorstand Produktion und Logistik der HARTING Technologiegruppe, Herrn Bethke, Geschäftsführer der Treichel Elektronik GmbH, Herrn Göbel, Geschäftsführer der Andreas Maier GmbH & Co. KG, und Herrn Frey, Vertriebs- und Marketingleiter der tempus GmbH.

In der Agentur Dr. Ladendorf Public Relations GmbH möchte ich mich bei Frau Dr. Hartmann-Ladendorf persönlich sehr herzlich für die aufmerksame und verantwortungsvolle Durchsicht des Manuskripts bedanken.

Nicht vergessen möchte ich an dieser Stelle auch meine Familie, die während der Entstehung meines ersten Buches starke Nerven gezeigt hat. Ganz vielen Dank für die Unterstützung und Toleranz.

Anmerkungen

1 Presseinformation TNS-Infratest unter http://www.tns-infratest.com/presse/presseinformation. asp?prID=744 (abgerufen am 03.06.2011)

2 Vgl. ebd.

3 Markt Media Studie „Internet facts 2011-09", Arbeitsgemeinschaft Onlineforschung (AGOF)

4 F.A.Z. Net, Holger Schmidt, „Interneteinfluss auf das Marketing wird unterschätzt", 06. Juli 2010, http://faz-community.faz.net/blogs/netzkonom/archive/2010/07/06/internet-einfluss-auf-das-marketing-wird-unterschaetzt.aspx; (abgerufen am 15.01.2012)

5 Elcario, „youtube – Zahlen, Daten, Fakten im Mai 2010" unter http://www.elcario.de/youtube-daten-zahlen-fakten-im-mai-2010/1061/ (abgerufen am 08.08.2011)

6 Kittel, Sören, „Warum Indonesien ganz verrückt nach Twitter ist" unter: http://www.welt.de/wirtschaft/webwelt/article12509143/Warum-Indonesien-ganz-verrueckt-nach-Twitter-ist.html (abgerufen am 08.08.2011)

7 Hüsing, Alexander/Tjalf Nienhaber: „Online Networking: Zehn goldene Regeln für erfolgreiches Networken", unter: http://www.deutsche-startups.de/2010/05/10/online-networking-zehn-goldene-regeln-fuer-erfolgreiches-networken/ (abgerufen am 03.06.2011)

8 Stiftung Warentest, „Datenschutz oft mangelhaft", unter: http://www.test.de/themen/computer-telefon/test/Soziale-Netzwerke-Datenschutz-oft-mangelhaft-1854798-1855785/ (abgerufen am 08.08.2011)

9 Studie des Fraunhofer Institut für Sichere Informationstechnologie (September 2008): „Privatsphärenschutz in Sozialen-Netzwerk-Plattformen" unter http://sit.sit.fraunhofer.de/studies/de/studie-socnet-de.pdf (abgerufen am 08.08.2011)

10 Fuchs Marita, Universität Zürich online „Facebook alleine macht nicht glücklich"; unter: http://www.uzh.ch/news/articles/2009/facebook-allein-macht-nicht-gluecklich.html (abgerufen am 08.08.2011)

11 Cialdini, B. Robert: „Die Psychologie des Überzeugens. Ein Lehrbuch für alle, die ihren Mitmenschen und sich selbst auf die Schliche kommen wollen", 6. Auflage, Verlag Hans Huber 2009

12 Ries, Al/Trout, Jack: „Positioning – the battle for your mind", Mac Graw Hill Companies, 2001

13 Vgl. ebd.

14 Kotler, Philip: „Kotlers Marketing Guide", Campus 2004

15 Dr. Dr. Mück, Herbert: „Selbstsicherheit trainieren", unter: http://www.dr-mueck.de/HM_Angst/HM_Angst_Selbstsicherheit_trainieren.htm (abgerufen am 05.06.2011)

16 Mai, Jochen: „Parkbank – Das Wesen der Raffinesse", unter: http://karrierebibel.de/parkbank-das-wesen-der-raffinesse/ (abgerufen am 05.06.2011)

17 Geschäftsstrategien wurden den Technikern im Vorfeld nicht richtig kommuniziert, so waren deren Entscheidungen für das Management nicht nachvollziehbar. Erst das Business Relationship Management brachte Governance und Prozesse in die Kommunikation zwischen Business und IT.

Literatur

An dieser Stelle möchte ich vielen Autoren danken, die als Experten auf diesem und anderen Gebieten gelten und zum Gelingen dieses Werkes beigetragen haben:

Arndt, Marzella/Arndt, Peter: „Bessere Geschäftsbeziehungen, Kontakte im Beruf richtig aufbauen und pflegen", Göttingen, Business Village, 2004.

Balbierz, Silke/Weiss, Norbert: „Kontaktmanagement – Die etwas andere Art zu akquirieren", Eschborn, RKW, 2006.

Bleckmann, Magda: „Die geheimen Regeln der Seilschaften, Erfolgreich netzwerken – ein Karriereleitfaden", Graz (AU), Leykam, 2010.

Cialdini, Robert B.: „Die Psychologie des Überzeugens, Ein Lehrbuch für alle, die ihren Mitmenschen und sich selbst auf die Schliche kommen wollen", 6. Aufl., Bern (CH), Hans Huber Verlag, 2009.

Ferrazzi Keith/Raz, Tahl: „Geh nie alleine essen! Und andere Geheimnisse rund um Networking und Erfolg", Kulmbach, Börsenmedien, 2007.

Fleming, John H./Coffman, Curt/Harter, James K.: „Managen Sie Ihr Human Sigma", in: Harvard Business Review Magazin, hrsg. von Dr. Arno Balzer, Nov. 2005.

Hauser, Jürgen: „Networking für Verkäufer, Mehr Umsatz durch neue und wertvolle Kontakte", 3. Aufl., Wiesbaden, Gabler, 2008.

Kirby, Julia: „Erfolgreiche Unternehmen: Auf der Suche nach der Weltformel", in: Harvard Business Review Magazin, hrsg. von Dr. Arno Balzer, Nov. 2005.

Mackay, Harvey: „Networking, Das Buch über die Kunst, Beziehungen aufzubauen und zu nutzen", München, Econ, 1997.

Ruck, Karin: „Erfolgreiches Networking für Frauen, Kontakte knüpfen und pflegen", Heidelberg, Redline Wirtschaft, 2007.

Scheler, Uwe: „Erfolgsfaktor Networking, Mit Beziehungsintelligenz die richtigen Kontakte knüpfen, pflegen und nutzen", München, Piper, 2005.

Scherer, Helmut: „Wie man Bill Clinton nach Deutschland holt, Networking für Fortgeschrittene", Frankfurt am Main, Campus, 2006.

Templeton, Tim: „Erfolgreiches Networking, Lebenslange Geschäftsbeziehungen aufbauen", 6. Aufl., Offenbach, Gabal, 2007.

Walicht, Frank: „Networking, Kontakte nutzen, Beziehungen pflegen", 2. Aufl., Berlin, Cornelsen, 2008.

Zacharias, Michael M.: „Network-Marketing, Beruf und Berufung Karrierechancen im Zukunftsmarkt Direktvertrieb", Augsburg, Edition, 2005.

Die Autorin

Barbara Liebermeister ist erfahrener Management Coach und -Trainer. Die studierte Betriebswissenschaftlerin begann ihre berufliche Karriere im Marketing und Vertrieb internationaler Konzerne, unter anderem Christian Dior und L'Oreal. Danach übernahm sie als Marketing Consultant und Interimsmanagerin unterschiedliche Mandate, unter anderem für die Royal Bank of Scotland und die Deutsche Bank, und war in zahlreichen Unternehmen und verschiedenen Bereichen des Marketings im Einsatz. Dabei entdeckte Barbara Liebermeister, wie unfokussiert viele Führungskräfte und Unternehmer das Erfolgsinstrument Kontaktmanagement einsetzen: der Impuls für die Entwicklung ihres BRM-Ansatzes.

Sehen ...

Lernen ...

Durchstarten!

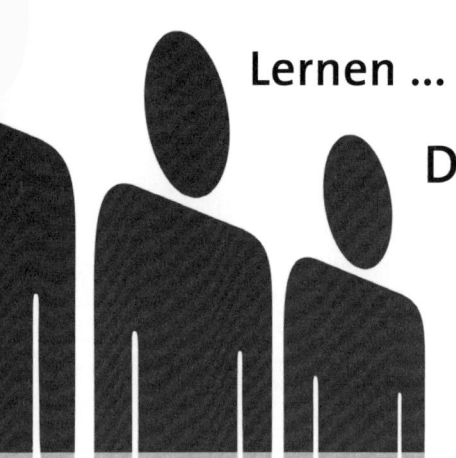

INNOVATION
ERLEBEN

Rund 100 TOP-Unternehmen präsentieren in praxisnahen Veranstaltungen ihre Innovationskraft

TOP: das effiziente Innovationsnetzwerk in Deutschland!

www.top-online.de

F.A.Z.-INSTITUT

INNOVATIONSPROJEKTE